リアルタイム計測による生命現象の解析

Real-time Measurements on *In situ* Analysis of Life

監修：村田静昭
Supervisor: Shizuaki Murata

シーエムシー出版

目　次

第 1 章　生命現象解明のためのさらなるステップへ向けて
　　　　　　―その場生物学へのアプローチ―（村田静昭） …………… 1

第 2 章　環境制御型電子顕微鏡内ナノマニピュレーション技術
　　　　　　（中島正博，福田敏男，アハマド モハマド リズワン）
2.1　はじめに ………………………………………………………………… 7
2.2　マイクロ・ナノマニピュレーション技術 ……………………………… 9
2.3　環境制御型電子顕微鏡内ナノマニピュレーションシステムと単一細胞解析への
　　 応用 ……………………………………………………………………… 10
2.4　マイクロ・ナノマニピュレーション技術を応用した生命現象解析への将来展望 ‥13

第 3 章　マイクロ流体チップを用いた細胞の「その場」解析技術（新井史人）
3.1　はじめに ………………………………………………………………… 17
3.2　オンチップ細胞応答計測システムの必要性 …………………………… 17
3.3　微細操作技術の分類と現状 ……………………………………………… 18
3.4　マイクロ流体チップを利用した要素技術 ……………………………… 22
3.5　オンチップ細胞応答計測の事例紹介 …………………………………… 23
　　 3.5.1　感温性高分子ゲルを用いた細胞固定とオンチップ培養 ………… 24
　　 3.5.2　光ピンセットを用いた細胞の位置決めと固定 …………………… 25
　　 3.5.3　光硬化性樹脂を用いた細胞のその場固定とオンチップ培養 …… 26
　　 3.5.4　垂直半透膜のその場造形と細胞応答計測 ………………………… 26
　　 3.5.5　細胞内外の環境計測ツール ………………………………………… 27
　　 3.5.6　単一ウイルス操作による特定細胞への感染と応答計測 ………… 28
　　 3.5.7　細胞の機械特性計測と評価 ………………………………………… 29
　　 3.5.8　細胞伸展培養による分化の活性評価 ……………………………… 29
3.6　おわりに ………………………………………………………………… 29

第 4 章　フェムト秒レーザー誘起衝撃力を利用した細胞接着力の非接触計測
　　　　　　（細川陽一郎，飯野敬矩）
4.1　はじめに ………………………………………………………………… 33

4.2 フェムト秒レーザー誘起衝撃力に誘起されるAFM探針の振動 …………… 34
4.3 AFM探針に加わる衝撃力の幾何学モデル …………………………………… 37
4.4 球形細胞に加わる力の解析 ……………………………………………………… 39
4.5 おわりに ………………………………………………………………………… 40

第5章 マスタ・スレーブ型マイクロマニピュレーション
（望山　洋，白土勇輝，小林尚登，樹野淳也，河合宏之）

5.1 はじめに ………………………………………………………………………… 43
 5.1.1 マスタ・スレーブ型マイクロマニピュレーションの存在意義 ………… 43
 5.1.2 現状と課題 ………………………………………………………………… 44
 5.1.3 本稿の内容と構成 ………………………………………………………… 45
5.2 システムの基本構成と有効活用 ……………………………………………… 45
 5.2.1 マイクロマニピュレータの基本構成 …………………………………… 45
 5.2.2 2×2＝4自由度の同時利用 ……………………………………………… 46
 5.2.3 接触情報のフィードバック ……………………………………………… 47
5.3 ロボティックストロー ………………………………………………………… 48
 5.3.1 ストローによる単離作業 ………………………………………………… 49
 5.3.2 マイクロストローの力学 ………………………………………………… 49
 5.3.3 ストローのロボット化 …………………………………………………… 51
 5.3.4 システム機能の定式化 …………………………………………………… 52
5.4 微生物単離作業 ………………………………………………………………… 54
 5.4.1 実験方法 …………………………………………………………………… 54
 5.4.2 実験結果 …………………………………………………………………… 55
5.5 おわりに ………………………………………………………………………… 57

第6章 高出力テラヘルツ光源を用いた新しい分光法・イメージング手法
（田中耕一郎）

6.1 はじめに ………………………………………………………………………… 59
6.2 全反射分光法の開拓 …………………………………………………………… 60
 6.2.1 テラヘルツ時間領域分光の概略 ………………………………………… 60
 6.2.2 全反射テラヘルツ時間領域分光 ………………………………………… 62
6.3 水のテラヘルツ分光 …………………………………………………………… 64
6.4 水溶液のテラヘルツ分光 ……………………………………………………… 66
6.5 おわりに ………………………………………………………………………… 69

第7章 DNA代謝反応の1分子観察とDNA分子の形態制御技術
（桂　進司，大重真彦）

- 7.1 はじめに ……………………………………………………………………… 71
  - 7.1.1 統計的な平均 ………………………………………………………… 71
  - 7.1.2 DNAの形態変動の特徴 …………………………………………… 72
- 7.2 DNA分子の選択的な固定化技術と形態制御技術 ………………………… 73
  - 7.2.1 誘電泳動法による伸張操作 ………………………………………… 73
  - 7.2.2 光ピンセット法を用いた伸張操作 ………………………………… 74
  - 7.2.3 末端固定化技術と流れまたは電界による伸張操作 ……………… 74
  - 7.2.4 界面移動による伸張操作 …………………………………………… 75
- 7.3 蛍光標識法 …………………………………………………………………… 77
  - 7.3.1 蛍光タンパク質との融合タンパク質 ……………………………… 77
  - 7.3.2 保護による化学修飾法 ……………………………………………… 77
- 7.4 DNA形態が活性に与える影響の解析 ……………………………………… 78
- 7.5 結言 …………………………………………………………………………… 79

第8章 細胞内環境因子がコントロールするゲノムDNAの高次構造ダイナミクス（秋田谷龍男，櫨本紀夫，牧田直子）

- 8.1 はじめに ……………………………………………………………………… 81
- 8.2 DNAとの相互作用の強さとDNA鎖内単分子折り畳みのOn/Off性 …… 82
- 8.3 塩基性ポリペプチドを用いた遺伝子導入 ………………………………… 89
- 8.4 高濃度アルブミンがDNA分子の高次構造に及ぼす影響 ………………… 93

第9章 ナノイメージングから得られる物理的側面
　　　　―クロマチンの原子間力顕微鏡観察を通じて―（中井　唱）

- 9.1 ゲノムの階層構造 …………………………………………………………… 99
- 9.2 クロマチンの再構成 ………………………………………………………… 101
- 9.3 観察方法 ……………………………………………………………………… 101
- 9.4 観察結果 ……………………………………………………………………… 102
- 9.5 ヌクレオソーム間相互作用を測る―見るだけではもったいない― …… 103
- 9.6 相分離構造の理論的考察 …………………………………………………… 104
- 9.7 おわりに ……………………………………………………………………… 105

第10章　タンパク質研究における巨大リポソームの利用法 （湊元幹太，吉村哲郎）

- 10.1　はじめに ………………………………………………………………… 107
- 10.2　リポソーム（liposome）………………………………………………… 107
- 10.3　巨大プロテオリポソーム（giant proteoliposome）………………… 109
- 10.4　組換えバキュロウイルスを用いたプロテオリポソーム作製法と利用 … 112
- 10.5　おわりに ………………………………………………………………… 114

第11章　インフルエンザウイルス感染増殖機構の解析 （本田文江）

- 11.1　ウイルスについて ……………………………………………………… 117
- 11.2　インフルエンザウイルスについて …………………………………… 119
- 11.3　インフルエンザウイルスの細胞への侵入とウイルスゲノムの転写・複製 …… 121
- 11.4　インフルエンザウイルスと相互作用する宿主タンパク質局在の観察 ……… 121
- 11.5　インフルエンザウイルス感染による宿主タンパク質の発現誘導の顕微鏡的解析
  ………………………………………………………………………………… 123
- 11.6　インフルエンザウイルスの動きを蛍光顕微鏡で観察 ……………… 125

第12章　バイオ世界における自己組織化を利用したナノ構造・鋳型技術の進展 （ジンチェンコ アナトーリ，鎌田宏幸）

- 12.1　はじめに ………………………………………………………………… 127
- 12.2　バイオテンプレート法とバイオテンプレートの多様性 …………… 127
- 12.3　自己組織化とテンプレート法の融合による2次元・3次元ナノアレイの構築 … 131
- 12.4　おわりに ………………………………………………………………… 133

第13章　細胞の硬さを測る細胞触診技術 （杉浦忠男）

- 13.1　はじめに ………………………………………………………………… 135
- 13.2　細胞の力学的構造 ……………………………………………………… 135
- 13.3　光ピンセットを用いた細胞触診法 …………………………………… 136
  - 13.3.1　光ピンセットの原理 ……………………………………………… 136
  - 13.3.2　光ピンセットによる力印加と力計測方法 ……………………… 137
  - 13.3.3　細胞触診装置 ……………………………………………………… 138
  - 13.3.4　測定結果の一例 …………………………………………………… 139
- 13.4　細胞触診による細胞の評価 …………………………………………… 139
- 13.5　おわりに ………………………………………………………………… 140

第 14 章　光ピンセットによる遺伝子及び細胞の非修飾直接操作（久保康児）

- 14.1　はじめに ……………………………………………………………… 143
- 14.2　光ピンセット ………………………………………………………… 143
- 14.3　ゲノム DNA の非修飾直接操作 …………………………………… 145
- 14.4　遺伝子導入操作 ……………………………………………………… 146
- 14.5　細胞の立体操作 ……………………………………………………… 148
- 14.6　まとめ ………………………………………………………………… 150

索引 ………………………………………………………………………… 151

執筆者一覧(執筆順)

村田 静昭　名古屋大学　大学院環境学研究科　教授(第1章)
中島 正博　名古屋大学　大学院工学研究科　マイクロ・ナノメカトロニクス研究センター　助教(第2章)
福田 敏男　名古屋大学　大学院工学研究科　マイクロ・ナノシステム工学専攻　教授；同大学　同研究科　マイクロ・ナノメカトロニクス研究センター　センター長(第2章)
アハマド モハマド リズワン　Technological University of Malaysia Department of Electronic Engineerings Lecturer(第2章)
新井 史人　名古屋大学　大学院工学研究科　マイクロ・ナノシステム工学専攻　教授(第3章)
細川 陽一郎　奈良先端科学技術大学院大学　物質創成科学研究科　特任准教授(第4章)
飯野 敬矩　奈良先端科学技術大学院大学　物質創成科学研究科　博士後期課程(第4章)
望山 洋　筑波大学　システム情報工学研究科　知能機能システム専攻　准教授(第5章)
白土 勇輝　筑波大学　システム情報工学研究科　知能機能システム専攻　博士前期課程(第5章)
小林 尚登　法政大学　デザイン工学部　システムデザイン学科　教授(第5章)
樹野 淳也　近畿大学　工学部　機械工学科　准教授(第5章)
河合 宏之　金沢工業大学　工学部　ロボティクス学科　准教授(第5章)
田中 耕一郎　京都大学　物質―細胞統合システム拠点　教授(第6章)
桂 進司　群馬大学　大学院工学研究科　環境プロセス工学専攻　教授(第7章)
大重 真彦　群馬大学　大学院工学研究科　環境プロセス工学専攻　准教授(第7章)
秋田谷 龍男　名城大学　薬学部　准教授(第8章)
櫨本 紀夫　名古屋市立大学　大学院薬学研究科　准教授(第8章)
牧田 直子　四日市大学　環境情報学部　准教授(第8章)
中井 唱　鳥取大学　大学院工学研究科　機械宇宙工学専攻　助教(第9章)
湊元 幹太　三重大学　大学院工学研究科　講師(第10章)
吉村 哲郎　三重大学　大学院工学研究科　特任教授；㈱リポソーム工学研究所　代表取締役；㈶名古屋産業科学研究所　上席研究員(第10章)
本田 文江　法政大学　工学部　生命機能学科　教授(第11章)
ジンチェンコ アナトーリ　名古屋大学　大学院環境学研究科　准教授(第12章)
鎌田 宏幸　名古屋大学　大学院環境学研究科　博士前期課程(第12章)
杉浦 忠男　奈良先端科学技術大学院大学　情報科学研究科　准教授(第13章)
久保 康児　名古屋大学　情報文化学部　情報科学研究科　技術補佐員(第14章)

第1章
生命現象解明のためのさらなるステップへ向けて
―その場生物学へのアプローチ―

村田静昭　(Shizuaki Murata)
名古屋大学　大学院環境学研究科　教授

　高エネルギーを使った超大型分析機器の発達は，コンピュータの高性能化と相俟って，従来考えられなかったような微小空間サイズ・微小時間における物質変化のダイナミズムを，あたかも自分がその場に立ち会っているような感覚で観察・考察することを可能にした．例えば，最新の超高圧電子顕微鏡（図1.1）は触媒表面で起こる気体分子の変化を直接観察することができる．また，シンクロトロン放射光を使った解析装置は，タンパクのような巨大分子同士の相互分子認識や巨大分子（ホスト）中での小分子（ゲスト）のダイナミズムを解き明かしている．さらに，これら最先端の知見は，一部の専門家にしか利用できないような形式やメディアだけでなく，コンピュータグラフィックスを使った映像視覚化によって誰にでも理解できるビ

図1.1　反応科学超高圧走査透過電子顕微鏡 JEM-1000K RS
（名古屋大学エコトピア科学研究所超高圧電子顕微鏡施設提供）．

第1章　生命現象解明のためのさらなるステップへ向けて

ジュアル情報として発表・共有されるようになった．20年前には極わずかな専門の研究者だけが知り得たタンパクなどの複雑な分子の構造などの情報を，机上のコンピュータを介して，誰でも世界中から瞬時に収集し自在に3次元的に考察できる時代である．このように"見てきたような化学"の進歩は，生命科学の進歩にも多大な貢献をもたらすことは言うまでもない．

　生命は，化学物質の秩序高い集合と化学物質を介した情報伝達やリズムの発生などの例でも明らかなように，化学と密接にかかわり合っている．生命を基本となる化学との関連から研究することは，重要な方法の一つである．しかし，生命はあまりにも複雑で化学との関連を直接調べることは未だにできていない．太古より人類は，医薬や呪術などに様々な薬草など（化学物質）を利用してきた．生命と化学との関わりを調べるのに，対象である生体のように分からないものはブラックボックスとしておいて，ここに化学物質を投与（インプット）し，その結果現れる現象（アウトプット）を解析する方法が長らく使われてきた．

　このような方法は，医学・薬学の進歩において人類に大いに貢献してきただけでなく，ブラックボックスを小さくする方向のアプローチで生物学の進歩にも成果を上げ，「感（カン）」や「経験」に頼る科学から知識や理を系統的・論理的に積み上げていく科学的方法の礎を築いた．

　生命を科学的に研究する方法の一つに，生きている個体から出発し，臓器，組織，細胞へと，小さな対象へとダウンサイズしながら解き明かしてゆくやり方がある．このやりかたは，数学でいう微分に相当すると考えてもよいもので，ルネサンス期に始まった解剖学から出発している．ダウンサイズアプローチは，主として顕微鏡（光学顕微鏡〜電子顕微鏡）観察とそれを基にしたマニュピレーション技術によって支えられ，より微細な対象を扱うように進歩してきた．近年，研究の中心は，細胞内の構成物（膜・核・オルガネラ等）とそこでのタンパク質，酵素，核酸などの物質の営みに置かれるまでに至った．ここでダウンサイズアプローチは分子と向き合うことになった．しかし，その前には"ナノの壁"という大きな障壁が行く手を阻んでいる（図1.2）．

　ナノの壁とは，一口で言えば「可視光の波長より短いナノメートルサイズの空間の制約」ということになる．光の性質上，原子や分子のサイズに匹敵するナノメートルサイズの情報を可視光を使って捉え分析することは困難である．また，このサイズでは我々が生活している物質世界での通常の幾何学概念（直線・平面・球面など）も厳密には成立たない．ナノで表されるような微小単位には，空間（長さのディメンジョン）以外にも質量や時間

図1.2　生命現象解明の手法

などのディメンジョンでも，私達が日頃扱っているスケールでは見られないさまざまな制約が存在する．我々は，ナノグラムの単位で質量を直接測定することができないので，間接的にしか物質の量を知り得ない．また，光でさえ高々数十センチしか進めないナノ秒という時間単位で起こる変化を情報として捉え，これを伝達することにも困難さがある．

　一方，積分に相当するアプローチも，生体構成化学物質についての知見が得られ始めた1960年代より急速に進歩を遂げている．ここでは，最終的なゴールとして生命を見据えながら，物質の最小単位である原子・分子と物質変化の源である電子状態の理解を出発点として，小さな分子から，高分子，巨大分子，分子間相互作用，超分子複合体へと，より大きな集積体の理解に向かってアップサイズしていく．超高性能の分析機器やコンピュータの発達に伴い，アップサイズのアプローチがナノの壁を裏側から打ち破ることになるのだろうか．残念ながらこの前には"クラスターの壁"と呼ぶべき別の障壁が横たわっている．クラスターの壁とは，「多数の物質の集合によって個々の物質の線形的理解が成り立たなくなる」ことである．多種類の物質が複雑に関わり合い有機的な連携を作って集合し，自発的に構築された秩序高い構造を基に，生物としての機能が発現されることを考えるためには，非線形科学的な理解が不可欠である．

　ダウンサイズ・アップサイズ二つのアプローチが手を携えることでこれらの障壁が打ち破られたとき，そこには生命科学の核心とも言うべき物質と生命の境界領域が待っている．物質と生命の境界領域を探索する研究には，これまでの生命現象に関わる物質に関する研究で成果を上げてきた方法，すなわち細胞等から取り出した生体高分子に代表される様々な物質を用いて外部環境の下（インビトロ）で調べるやり方に頼るだけでは成果が期待できない．物質を細胞から取り出し研究の場に持ち込んだ時点で，検体や試料に大きなストレスがかかり，生きている細胞の中で働いていた物質としての性状や機能を失ってしまう恐れが大きいからである．このような物質からもたらされた観察や解析結果を基に研究・考察を進めるためには，ストレスによる影響を除外することが最小限必要になってくる．さらに，このような方法で得られた結果は，たとえストレスの影響を割り引いたとしても，限られた時間軸上である場面を切り取った静止画のような情報でしかあり得ない．生命が，極めて非線形科学的かつ連続的に振る舞う存在である限り，それらの断片的情報を繋ぎ合わせて得られたアニメーション的な全体像は，細胞等が生き物として活動している様子を反映したものにはなり得ない．

　具体例として，生命には欠かせないDNAをここに挙げてみる．タンパクと結合していない"裸"のDNAは，置かれた環境に応じて高次構造を変化させることが広く知られており，この高次構造変化は連続的に変化していく現象であると理解されている．しかし近年，数百bpを超える長鎖DNAにおいてはその変化が不連続であるという研究成果が報告されている．双方の差異はどこに起因するものであろうか．連続的変化は，多数のDNAサンプルを分析しその結果を平均化したものである．カチオン性DNA凝縮剤の濃度が上昇するにつれて，図1.3

第1章 生命現象解明のためのさらなるステップへ向けて

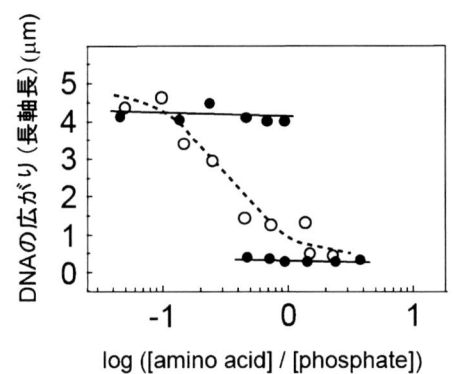

図1.3 溶液環境の変化に伴う長鎖DNA構造変化

の破線のDNA分子の大きさ（広がり）は徐々に減少しているように見られるが，これを1分子のDNAをリアルタイムで追跡した観察では，実線で示したように不連続的な構造変化が起こっていることが明らかになった．すなわち，この条件では，実際のDNAには大きく2通りの大きさしかなく，中間サイズのものは安定に存在しえないのである．平均値はそれぞれの状態における存在確率から得られたもので，インビトロという均質な場においてすら，物質の挙動を数のアンサンブルとして扱う従来型アプローチでは真の姿を見落としてしまうことが示されている．

　生命を研究するためには，インビトロの実験で設定できるものよりはるかに複雑で不均質な場を扱うことが求められる．最大でも細胞サイズでしかない不均質な場に正確にアプローチして，的確に対象を補足し外部から解析に必要なエネルギーや物質を送り込み（インプット），必要なアウトプットだけを取り出す操作が求められる．さらに，生きているものにおける研究の場は常温・常圧であり，高エネルギー・高真空・超低温などの条件が必要となるようなツールを用いることはできない．

　微小な場での操作ツールとして，顕微鏡下でガラスキャピラリーを用いたマイクロマニピュレーターが広く使用されてきた．しかし，ここで用いるキャピラリープローブは，研究対象である細胞やオルガネラに比して無視できないサイズや質量を有しており，対象となるものに極めて強いストレスを強いることが懸念される．このようなストレスを軽減するために，レーザー光や磁気をプローブとして応用した操作システムが開発されている．操作の舞台となるチャンバーに関しても，新素材の開発や微細加工技術の進歩によって，より高い精密性と選択性をもった低ストレス化が進んでいる．これら新素材や新システムが，従来からある顕微鏡等の技術の進化と相俟って生命科学を支える有力なツールへと発展している．ここに至って，細胞やDNAなど実際の生体や生体物質を対象として，生きた状態もしくはそれに近い状態でリアルタイムの操作や観察を行うことで，"その場生物学"へアプローチするための操作・解析ツールが揃い始めた．このアプローチは，視点を従来の研究スタイルから切り替えることだけ

でなく，益々発展を遂げるナノ・マイクロ技術による支えをいち早く受け入れることで生命科学の発展に大いに寄与できる．

　本書は，個々の章において具体的な例を示しながら，新しい生命科学へのアプローチが可能な技術を紹介するものである（図1.4）．既存のマニピュレーションツールの新たな利用法や，新奇マニピュレーションツールの解説を始めとして，マイクロ流体チップによるプラットフォーム型の解析システムの開発や，光学的操作・解析技術（フェムト秒レーザー，テラヘルツ分光）の現状と可能性を示す．さらに，DNAの1分子観察及び構造制御技術の進捗や，合成ペプチド/DNA複合体を用いた，DNA構造変化のモデル的研究．リアルタイム計測に欠く事が出来ないイメージングの現状に加え，巨大リポソームを活用したタンパク質研究まで，DNAからタンパク質に至る，細胞構成物質を対象とした基礎的研究から導き出された成果を紹介する．そして，細胞へのウイルスの感染増殖機構や細胞そのものの状態を診断解析する試みや，ナノ構造体制御手法，細胞等のハンドリングといった，基礎的研究から医療・産業等への応用を見据えた研究の成果を紹介し，その可能性を論じている．これらの研究は，それぞれ非常に技術的且つ学術的価値が高いものであり，様々な応用の可能性を秘めている．また一方で，全てが他の技術と融合出来る接点をも持ったものである．そのため，単一の技術の活用に留まらず複数の技術を融合させる事によって，研究の進捗をさらに加速させられることに疑いの余地は無い．

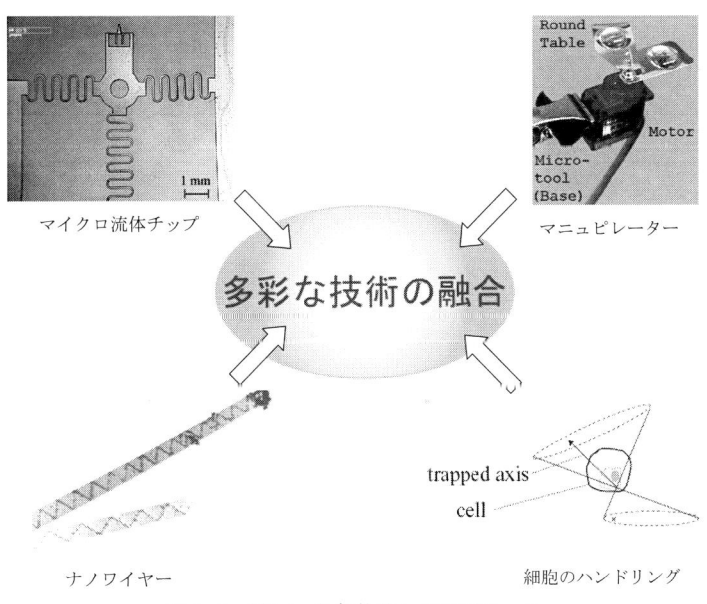

図1.4　新しい生命科学へのアプローチ

第2章
環境制御型電子顕微鏡内ナノマニピュレーション技術

中島正博　(Masahiro Nakajima)
名古屋大学　大学院工学研究科　マイクロ・ナノメカトロニクス研究センター　助教

福田敏男　(Toshio Fukuda)
名古屋大学　大学院工学研究科　マイクロ・ナノシステム工学専攻　教授；同大学　同研究科　マイクロ・ナノメカトロニクス研究センター　センター長

アハマド モハマド リズワン　(Mohd Ridzuan Ahmad)
Technological University of Malaysia Department of Electronic Engineerings Lecturer

2.1　はじめに

　従来用いられてきた細胞解析技術は，細胞群に対して統計的に処理する集団細胞解析技術である．一方で，近年，単一細胞解析と呼ばれる特定の単一細胞に対して操作をすることでより詳細な細胞解析を行う技術が注目を集めている[1,2]．細胞のサイズは，1〜100ミクロン程度と微小であるため，特定の単一細胞を操作するためには，高度な微細操作技術が必要となる．また，細胞はより微細なナノスケールのフィラメントや膜構造である細胞小器官から構成されている．このため，単一細胞の内外の局所部位を操作することを目的としたナノスケールの高度な微細操作技術が求められている[3]．このような微細操作技術は，細胞解析のみではなく，人工細胞モデルの構築や胚操作・卵操作や薬剤試験・環境計測など様々な応用が進んでいる．

　我々は，単一細胞解析技術の中でも単一細胞の機械インピーダンス特性計測に注目してきた．表2.1にこれまで行われてきた代表的な単一細胞の機械インピーダンス特性計測方法と特徴についてまとめる．細胞は，物理的・化学的な環境条件により，その形態や構造，機械特性を変化させることが知られている[4]．このため，単一細胞の機械インピーダンス特性を明らかにすることは，細胞からなる組織のメカニズムや生理機能などの研究において重要である．また，基本的な細胞のメカニクスや構造を理解する上においても，細胞の機械インピーダンス特性が重要な指標であるといえる．そこで，我々は，微細操作技術を応用することにより，これ

表2.1 単一細胞の機械インピーダンス特性計測方法と特徴.

Methodology		Remarks	Refs	Methodology		Remarks	Refs
Atomic force microscopy	AFM Cantilever	・Thermal drift ・Nonlinearities (creep, hysteresis) by scanner	5)〜7)	Optical/Laser tweezers	Optical Tweezers	・Maximum force is picoNewton order ・Damage by radiation of laser beam	15)
Magnetic twisting cytometry	Magnetic Beads	・Maximum force is nanoNewton order ・Limitation of position in 3D space	8)9)	Optical Stretcher	Optical beam	・Dielectric properties ・High cost laser system and damage by radiation	16)
Cell Poker	Cell poker	・Contact detection is based solely on optical sensors	10)	Microfluidic Channel Device	Fluid	・High speed camera ・Friction between wall and cell	17)18)
Cyto-indenter	Cytoindenter	・Positioning is based solely on a photodiode sensor	11)	Shear Flow Device	Shear Flow	・Limited in 2D space ・Difficulty in capitulation	19)
Micro-Array Detectors	Micro-array Detectors on Substrate	・Adhesive condition depending of cell properties ・Measurement in 2D space	12)	Micro-tweezers	Micro Tweezers	・Mechanical and thermal vibration ・Difficulty in operation	20)
Micro-pipette aspiration	Micropipette	・Stress concentration at edge ・Friction between pipette and cell surfaces	13)	MEMS Sensing Device	MEMS Sensor	・Difficulty in operation dynamic response measurement	21)
Micro-plate stretcher	Microplates	・Global cell mechanics ・Low repeatability	14)	E-SEM Nano-manipulation System	Nanoprobes	・3D space determination ・High humidity condition	22)〜24)

まで困難であった数ミクロンサイズの微少な単一細胞に対する，ナノスケールの局所的なインピーダンス特性計測を行った．このために，環境制御型電子顕微鏡内でのナノマニピュレーションシステムを構築し，ナノスケールの高分解能観察環境下で，ナノツールを応用し，単一細胞に対するその場計測技術を提案した．

本章では，微細操作技術として，近年のマイクロ・ナノマニピュレーション技術の技術動向を述べ，我々が構築してきた環境制御型電子顕微鏡内ナノマニピュレーション技術を紹介すると共に，ナノマニピュレーション技術の将来展望について述べる．2.2節ではマイクロ・ナノマニピュレーション技術，2.3節では環境制御型電子顕微鏡内ナノマニピュレーションシステムと単一細胞解析への応用，2.4節ではマイクロ・ナノマニピュレーション技術の生命理工学における将来展望について述べる．

2.2 マイクロ・ナノマニピュレーション技術

　微細操作を実現するための主な要素技術として，①顕微鏡を用いた観察技術，②微細な駆動を実現したマイクロ・ナノマニピュレータ，③人がオペレーションするためのインターフェース・自動化技術，④温度・湿度・pH などの試料環境制御技術，⑤微細な対象物を操作するためのエンドエフェクタ技術の一部または全てを備える必要がある．また，操作方法としては，接触操作（機械操作・振動操作・流体操作など）・非接触操作（電場操作・光学操作・磁場操作など），またはそれらの組み合わせにより行われ，生体試料の操作のためには試料のサイズ・形状・強度・環境条件などに応じた選択が必要となる[25]．

　マイクロ・ナノマニピュレーションシステムの代表的な手法として，顕微鏡下においてマニピュレータを用いて，エンドエフェクタを介して対象物を操作する「顕微操作」と呼ばれる手法が代表的である．「顕微操作」においては，用いる顕微鏡の種類により試料の操作可能なサイズや観察環境条件が左右される．図 2.1 に，試料のサイズと環境条件に応じた各顕微鏡下でのマイクロ・ナノマニピュレーションを分類する．

　一般に，マイクロマニピュレーションと呼ばれる光学顕微鏡下での「顕微操作」により，バイオ・医療分野においては，細胞からの核摘出[26]，DNA 操作[27] などの生体試料の操作が広く行われてきた．この理由として，光学顕微鏡は細胞や生体試料を良好に保つため溶液条件や温度などをコントロールすることが容易であることが挙げられる．ただし，光学顕微鏡では直接的な空間分解能が，光の波長に依存して 200 nm 程度に制限される[28]．このため，ナノスケールの対象物を観察するためには，蛍光観察，共焦点観察，全反射観察などの特殊な観察手法[29] を用いる必要がある．しかし，これらの手法では，試料の観察環境条件や観察範囲などが限定されるため，ナノマニピュレーション環境として十分であるとはいえない．

　そこで，ナノマニピュレーション技術としては，走査型プローブ顕微鏡や電子顕微鏡といった高分解能な顕微鏡内において，ナノマニピュレーションシステムが構築されてきた[30]．走

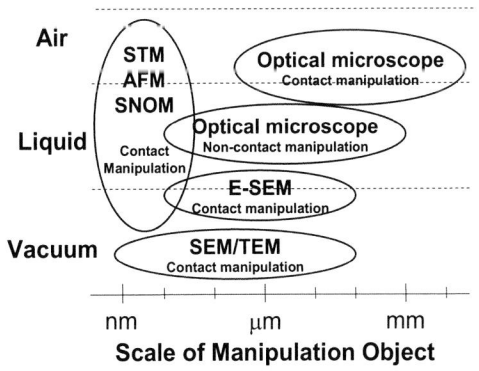

図 2.1　試料のサイズと環境条件に応じた各顕微鏡下でのマイクロ・ナノマニピュレーションの分類[25]．

第2章 環境制御型電子顕微鏡内ナノマニピュレーション技術

査型プローブ顕微鏡（SPMs）に分類される，原子間力顕微鏡（AFMs）や走査型トンネル顕微鏡（STMs）などでは，顕微鏡用のプローブを操作用エンドエフェクタとして利用することで，ナノ構造物を2次元的な平面上で操作することができる[31-33]．また，水中・大気中・真空中といった各種環境に対応することができるが，基本的に作業領域が2次元平面に限定される，操作と観察が同時にできない，プローブ形状が限定される，実時間観察が困難であるなどの制限がある．一方で，電子顕微鏡（Electron Microscope：EM）に分類される走査型電子顕微鏡（SEM）や透過型電子顕微鏡（TEM）では，実時間観察環境下で3次元的な操作を実現することができる．我々はこれまで，透過型電子顕微鏡用ナノロボットマニピュレータ（TEMマニピュレータ）を走査型電子顕微鏡用ナノロボットマニピュレータ（SEMマニピュレータ）に組み込むことを可能としたハイブリッド型ナノロボットマニピュレーションシステムを提案してきた[34]．これによりSEMマニピュレータの広作業範囲により効率的に試料を作製し，これを透過型電顕下で高分解能その場計測することができる．このハイブリッドナノマニピュレーションシステムを用いて，カーボンナノチューブを用いた実験を行ってきた[35]．ただし，通常の電子顕微鏡では，試料が真空中におかれるため，特に生体試料の場合は，水分は蒸発し，試料へのダメージが起きる．そこで，我々は，環境制御型電子顕微鏡（Environmental-SEM，E-SEM）を利用することで，生物試料を含水状態で保ち，ナノマニピュレータを用いた単一細胞操作・計測システムを提案してきた[22-24]．以下の節では，環境制御型電子顕微鏡内でのナノマニピュレーションシステムの詳細と単一細胞への解析への応用例について紹介する．

2.3 環境制御型電子顕微鏡内ナノマニピュレーションシステムと単一細胞解析への応用

通常の電子顕微鏡では，電子線の散乱による影響を避けるために高真空環境下に試料が置かれることとなる．したがって，水分を含んだ試料を直接的に観察することは出来ず，特に，生物試料などの含水性の試料を観察する際には，乾燥処理・固定処理・染色処理・導電処理などを経た特殊な観察手法が必要である．しかし，生物にとって水分は欠かすことの出来ないものであるため，細胞の特性計測においては，細胞が生きており十分に水分を含んだ状態であることが重要である．

環境制御型電子顕微鏡は，試料の温度と圧力を制御することにより，いわゆる結露する直前の高湿度環境を作り出し，試料を含水状態で直接的に観察することができる．この条件は，試料の材質や溶解物質の影響を受けるが，およそ水の飽和蒸気圧曲線により見積ることが出来る．水の飽和蒸気圧（P_S Pa）は，様々な近似式が提案されているが，JIS規格では絶対温度（T K）とすると以下の式が用いられている[37]．

2.3 環境制御型電子顕微鏡内ナノマニピュレーションシステムと単一細胞解析への応用

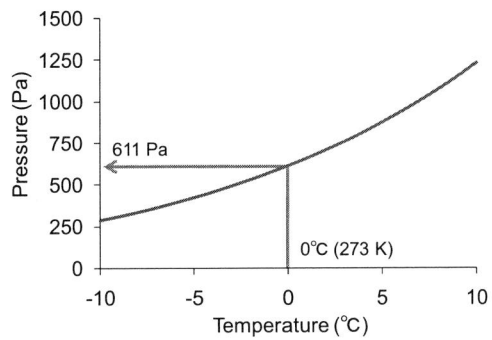

図 2.2 飽和水蒸気圧曲線による温度・圧力条件.

$$\ln(P_s) = -6096.9385\ T^{-1} + 21.2409642 - 2.711193 \times 10^{-2} T \\ + 1.673952 \times 10^{-5} T^2 + 2.433502 \ln(T) \tag{1}$$

ここで,式の適用範囲はT = 173～373Kである.本式によりプロットした飽和蒸気圧曲線を図2.2に示す.図に示す通り,温度が約0℃の場合,圧力が約600 Paにて結露が生じる.我々が用いた環境制御型電子顕微鏡では,試料の温度(約0～40℃)と圧力(10～2600 Pa)に制御することができる.試料を観察する際は,温度を一定(0℃)に保った上で圧力を600 Pa以上に上げた状態から,徐々に圧力を下げていき,結露した水を蒸発させ,試料が露出した状態において観察することで,試料を含水状態で観察することが出来る.

なお,環境制御型電子顕微鏡は特殊な二次電子検出方法を採用しており,導入した水蒸気ガスのイオン化を利用して試料から発生した2次電子を増幅することで検出器に導き,ナノスケールの2次電子像を得ることが出来る[38].これまで,微生物[39],植物細胞[40],動物細胞[41]など生物試料の観察・解析として応用研究が進んでいる.

我々は環境制御型電子顕微鏡内に多自由度型ナノマニピュレーションシステム(8自由度,3ユニット,図2.3)を構築し,ナノツールを用いて単一細胞局所計測・評価に関して研究を

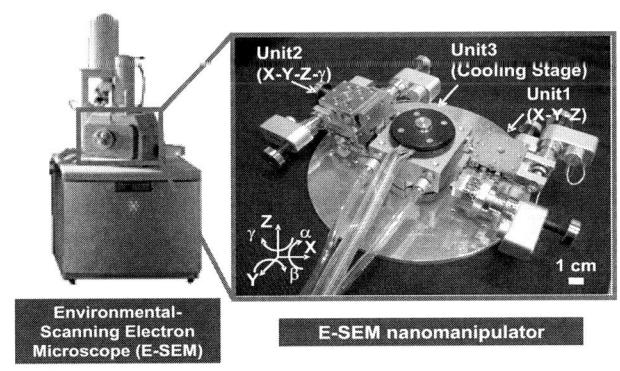

図 2.3 環境制御型電子顕微鏡内でナノマニピュレーションシステム.

第2章　環境制御型電子顕微鏡内ナノマニピュレーション技術

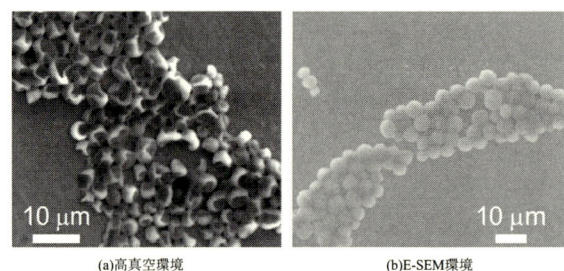

図2.4　高真空・E-SEM環境での酵母菌観察[22]．

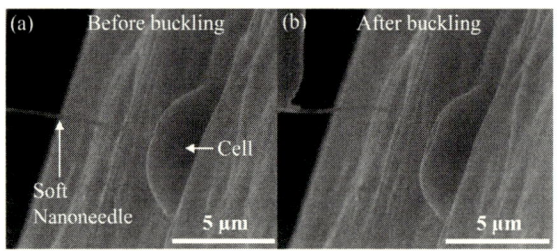

図2.5　単一酵母菌のナノプローブによるインピーダンス計測[22]．

行ってきた[22-24]．図2.4に酵母細胞を高真空環境下とE-SEM環境下において観察した結果を示す．高真空環境下では多くの酵母細胞が大きく変形し原形を保つことが出来ない（図2.4(a)）が，E-SEM環境下では酵母細胞が球形の形状を保つこと（図2.4(b)）が確認できた．

このE-SEM環境下においてナノプローブを用いて単一酵母細胞の硬さ計測を行っている様子を図2.5に示す[22]．集束イオンビーム加工（FIB）によりAFMカンチレバーを微細加工したナノプローブの座屈変形から印加力を算出し，また細胞の変形量をE-SEM画像により計測することで，単一細胞の硬さ計測を行った．これにより，単一細胞の局所硬さ情報の取得と細胞へのダメージの低減化を図った．また，酵母菌の原生菌（W303）を用いて，細胞の増殖段階による硬さおよびプローブの貫通力の違いを調べた[23]．酵母細胞は，early log, middle log, late log, saturationといった各増殖段階を経る．我々の計測の結果，各増殖段階における貫通力は，増殖段階が進行する程，貫通力が増加し，early logとsaturationでは，約2.5倍程度の差がみられた．一方で，細胞のヤング率としては，約3.3 MPaの一定の値であった．これは，菌体の細胞表面の細胞壁の厚みや特性の影響であると考えられる[43]．また，同様の手法を用いて，単一酵母細胞の粘弾性特性計測・評価を行った[24]．現在，モデル生物である線虫の局所インピーダンス特性評価について取り組んでいる[44, 45]．線虫は，約1000個の細胞からなっており，サイズが小さく（約1 mm以下），世代時間が3日，寿命が2週間程度と短いことや培養・保存が容易であることに加えて，遺伝子操作により様々な人間の疾患のためのモデル生物として用いられている[46]．しかし，線虫内外のナノスケールの局所計測・操作と応用解析は十分であるとはいえないため，今後は線虫内外での単一細胞の振る舞いを詳細に計測・操

作することができる新しい手法の開発が望まれている．

2.4 マイクロ・ナノマニピュレーション技術を応用した生命現象解析への将来展望

　マイクロ・ナノマニピュレーション技術は，単一細胞解析・局所情報の取得と操作を中心として生命科学に関する応用研究が行われてきた．今後もさらなる学術分野の融合，特に微小な細胞を自在に操作・計測・制御するためのマイクロ・ナノ工学と細胞メカニズム解明や治療などの応用を担う生物学・医学の分野融合が重要である．双方が課題を共有し知恵を出し合うことにより，互いに有用な新しい工学技術が構築できる．工学的局所制御手法を用いた，細胞内における遺伝子の効率的発現制御，細胞群における遺伝子の発現計測と制御のための局所制御，組織内における細胞形態・分化誘導発現のための機能制御に関して研究が深化していくことが考えられる．さらにマイクロ・ナノマニピュレーション技術は今後も新しい操作・計測・制御手法を提供し可能性を拡大し続けることで，未知の生命現象の解明や細胞操作の高度化を担うことが期待される．

　また，単一細胞解析技術を応用し，細胞が一定のパターンとして集合した構造である組織として捉え，細胞・細胞間や細胞・環境間のインタラクションの解明が求められる．マイクロ・ナノマニピュレーション技術を応用することで，単一細胞の特性評価のみならず，単一細胞と基板間の付着性評価[47]といった単一細胞解析の3次元的・動的な計測・操作技術への発展が望まれる．また，モデル生物などの多細胞生物の操作を対象とした局所計測・制御への発展が期待される[44-46]．マイクロ・ナノスケールの微細なデバイスやマイクロチップなどの局所環境

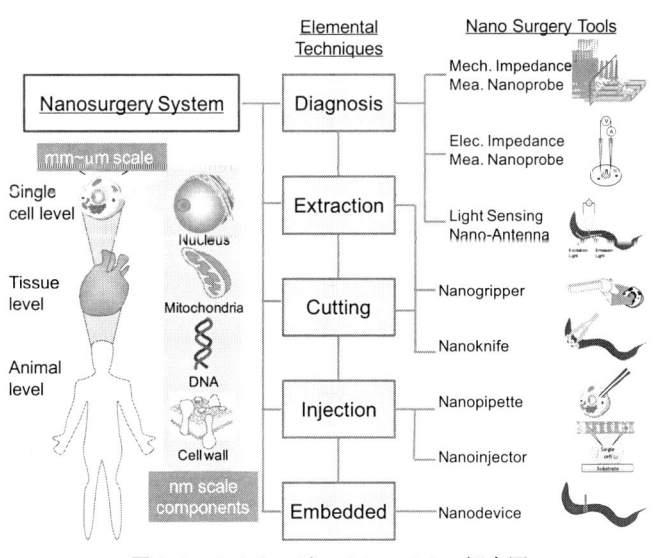

図2.6　ナノサージェリシステムの概念図

第2章　環境制御型電子顕微鏡内ナノマニピュレーション技術

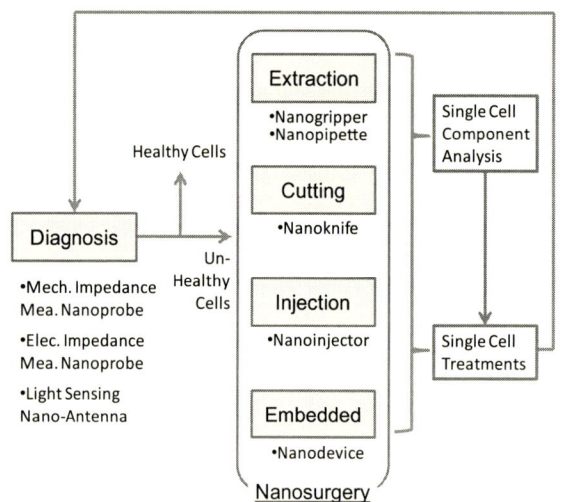

図2.7　ナノサージェリシステムの要素技術の関係性.

制御技術を応用することにより，従来の技術では困難であった生命現象解明の高効率化・高精度化・局所性の向上などが期待できる．さらに，単一細胞操作のみならず，単一細胞の構成要素であるナノスケールの細胞小器官などの細胞の局所操作のための新しい概念に基づいたナノ操作技術の確立が期待される．

　今後は，マイクロ・ナノマニピュレーション技術を中核とした，単一細胞のナノサージェリシステムとして発展されることが期待される．ナノサージェリシステムの概念図を図2.6に示す．ナノサージェリシステムに求められる要素技術としては，単一細胞のナノ診断技術，ナノ取り出し技術，ナノ切断技術，ナノインジェクション技術，ナノデバイスの埋め込み技術といったナノサージェリ技術の確立が求められる．各種マイクロ・ナノデバイス・ツールを開発・応用することでこれらの操作が可能になると考えられる．例えば，我々はE-SEMナノマニピュレーションシステムを用いてナノナイフを作製し単一細胞の切断技術に関して応用研究を進めている[48]．図2.7に示すようなナノサージェリ要素技術が連携することによって，単一細胞の特性をより詳細かつ低侵襲に計測するための新しい工学技術の確立が期待される．

　このようにしてマイクロ・ナノマニピュレーション技術は，人工物由来のアプローチと細胞由来のアプローチの各研究グループの横断的な相互作用を生かした工学的・医用工学革新技術により生命科学における新たな知見を得て，細胞をシステムとして捕らえた「システム細胞工学」分野の確立としての貢献が期待される．

〈参考文献〉

1) S. V. Avery, *Nature Rev. Microbiology*, **4**, 577-587 (2006)
2) J. Teramoto *et al.*, *Genes to Cells*, **15**, 111-1122 (2010)
3) S. P. Leary *et al.*, *Neurosurgery*, **58**, 1009-1026 (2006)
4) K. Hayashi, "Tensile properties and local stiffness of cells, Mechanics of Biological Tissue", Ed. by G.A. Holzapfel and R.W. Ogden, Springer-Verlag, Berlin, Heidelberg, pp. 137-152 (2006)
5) N. Wang *et al.*, *Science*, **260**, 1124-1127 (1993)
6) S. E. Cross *et al.*, *Nature Nanotech.*, **2**, 780-783 (2007)
7) E. A. Hassan *et al.*, *Biophysical J.*, **74**, 1564-1578 (1998)
8) N. Wang *et al.*, *Science*, **260**, 1124-1127 (1993)
9) M. Puig-de-Morales-Marinkovic *et al.*, *American J. of Physiology, Cell Physiology*, **293**, 597-605 (2007)
10) B. Daily and E. L. Elson, *Biophysical J.*, **45**, 671-682 (1984)
11) S. Suresh, *Acta Biomaterialia*, **3**, 413-438 (2007)
12) J. L. Tan *et al.*, *Proc. of the National Academy of Sci. of the United States of America*, **100**, 1484-1489 (2003)
13) R. M. Hochmuth, *J. of Biomechanics*, **33**, 15-22 (2000)
14) O. Thoumine *et al.*, *J. Biochem. Biophys. Meth.*, **39**, 47-62 (1999)
15) M. Dao *et al.*, *J. of the Mechanics and Physics of Solids*, **51**, 2259-2280 (2003)
16) J. Guck *et al.*, *Biophysical J.*, **88**, 3689-3698 (2005)
17) M. J. Rosenbluth *et al.*, *Lab on a Chip*, **8**, 1062-1070 (2008)
18) Y. Hirose *et al.*, "A new stiffness evaluation toward high speed cell sorter", Proc. of IEEE Int. Conf. on Robotics and Automation (ICRA 2010), pp. 4113-4118 (2010)
19) S. Usami *et al.*, *Annals of Biomedical Eng.*, **21**, 77-83 (1993)
20) K. Inoue *et al.*, *J. of Biotech.*, **133**, 219-224 (2008)
21) Y. Sun *et al.*, *IEEE Trans. Nanobioscience*, **2**, 279-86 (2003)
22) M. R. Ahmad *et al.*, *IEEE Trans. on Nanotech.*, **7**, 607-616 (2008)
23) M. R. Ahmad *et al.*, *IEEE Trans. on Nanobioscience*, **7**, 185-193 (2008)
24) M. R. Ahmad *et al.*, *IEEE Trans. on Nanobioscience*, **9** (1), 12-23 (2010)
25) 福田敏男, 中島正博, "バイオ・マイクロマニピュレーション", 細胞分離・操作技術の最前線, シーエムシー出版刊, 監修 福田敏男, 新井史人, pp. 225-236 (2008)
26) S. Ogushi *et al.*, *Science*, **319**, 613-616 (2008)
27) H. Oana *et al.*, *Appl. Phys. Lett.*, **85**, 5090-5092 (2004)
28) S. W. Hell, *Science*, **316**, 1153-1158 (2007)
29) H. Lewis *et al.*, *Nature Biotechnology*, **21**, 1378-1386 (2003)
30) E. Du *et al.*, *Int. J. of Nanomanufacturing*, **1**, 83-104 (2006)
31) J. E. Sader, *Rev. of Scientific Instruments*, **66**, 4583-4587 (1995)
32) D.-A. Mendels *et al.*, *J. of Micromechanics and Microengineering*, **16**, 1720-1733 (2006)
33) S. B. Aksu and J. A. Turner, *Rev. of Scientific Instruments*, **78**, 1-8 (2007)
34) M. Nakajima *et al.*, *IEEE Trans. on Nanotech.*, **5** (3), 243-248 (2006)
35) M. Nakajima *et al.*, *Jpn. J. Appl. Phys.* **46** (42), L1035-L1038 (2007)
36) T. Fukuda *et al.*, *IEEE Nanotech. Magazine*, **2**, 18-31 (2008)

37) 機械工学便覧 基礎編 流体工学, α-4-8 (2006)
38) A. M. Donald, *Nature Materials*, **2**, 511-516 (2003)
39) S. P. Collins *et al.*, *Microsc. Res. Tech.*, **25**, 398-405 (1993)
40) E. Stabentheiner *et al.*, *Protoplasma*, **246**, 89-99 (2010)
41) S. E. Kirk *et al.*, *J. Microsc.*, **233**, 205-224 (2007)
42) L. Muscariello *et al.*, *J. of Cellular Physiology*, **205**, 328-334 (2005)
43) G. Lesage and H. Bussey, *Microbiol. Mol. Biol. Rev.*, **70**, 317-343 (2006)
44) M. Nakajima *et al.*, "Local Stiffness Measurements of C. elegans by Buckling Nanoprobes inside and Environmental SEM", Proc. of the 2009 IEEE/RSJ Int. Conf. on Intelligent Robots and Systems (IROS2009), pp. 1849-1854 (2009)
45) M. Nakajima *et al.*, "Local Stiffness Evaluation for Alive *C. elegans* by Environmental-SEM Nanorobotic Manipulation System", Proc. of the 2009 Int. Symp. on Micromechatronics and Human Science (MHS 2009), pp. 638-643 (2009)
46) 飯野雄一, 石井直明, "線虫—究極のモデル生物", シュプリンガーフェアラーク東京出版, pp. 140-141 (2003)
47) M. R. Ahmad *et al.*, "Nanofork and Line-patterned Substrate for Measuring Single Cells Adhesion Force inside ESEM", Proc. of the 2010 IEEE Conf. on Nanotech. (IEEE-Nano 2010), 356-359 (2010)
48) Y. Shen *et al.*, "NANO Knife Fabrication and Calibration for Single Cell Cutting inside Environmental SEM", Proc. of 2010 Int. Symp. on Micromechatronics and Human Science (MHS 2010), pp. 316-320 (2010)

第3章
マイクロ流体チップを用いた細胞の「その場」解析技術

新井史人　(Fumihito Arai)
名古屋大学　大学院工学研究科　マイクロ・ナノシステム工学専攻　教授

3.1　はじめに

　近年，単一の細胞に着目した観察システムが脚光を浴びるようになった．ビデオ顕微鏡システムを組んで，細胞の変化を観察するだけではなく，細胞のおかれている環境を変化させたり，細胞に外的操作を加えて変化を追いかける要望が増えている．このような要求を満足するために，微細加工技術を利用して製作したマイクロ流体チップを利用してオンチップで細胞を操作し，変化をその場で計測するシステムに関する研究が行われている．ここではオンチップで特定の細胞を操作し，環境変化に対する細胞の応答を生きたままの状態で「その場」で計測することを可能とする解析技術を紹介する．

3.2　オンチップ細胞応答計測システムの必要性

　すべての生物は一個以上の「細胞」で形成されており，細胞は生物を構成する基本的な最小単位であると考えることができる．生命を理解するには，構成要素としての細胞の素の機能を調べ，構成要素集団の統合機能を明らかにすることが不可欠である．そこで，細胞の構成要素の機能および構成要素集団の統合機能を詳細に調べ，物理化学的環境および生物学的環境に応答した制御機構を理解することを目的とする「システム細胞工学」の研究が行われている[1,2]．システム細胞工学における具体的なねらいは以下のようである．
　(1) 細胞をひとつのシステムと捉え，その構成要素の素機能と構成要素集合の統合機能，また環境変動に応答した素機能及び統合機能の制御様式を分子サイズで解明すること．
　(2) 単細胞集団や多細胞生物組織中での細胞ひとつに注目し，細胞間相互作用の生物環境の変動に伴う機能制御を解明し，細胞をシステムとして理解すること．

第3章 マイクロ流体チップを用いた細胞の「その場」解析技術

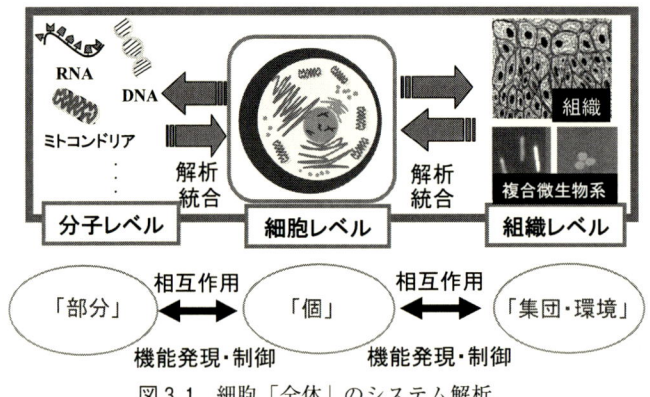

図 3.1 細胞「全体」のシステム解析.

(3) 得られた知見により，細胞機能を模倣したり，人為的に機能制御する技術を開発すること．

図 3.1 に示すように，単一細胞を中心として分子レベルから組織レベルまで幅広く網羅して解析し，細胞「全体」をシステムとして理解するには，細胞が環境中の外部刺激に対してどう反応し，どう状態を変化させるのかを計測する必要がある．このため，単一細胞レベルに着目して細胞応答を計測する技術の需要は今後ますます増えるであろう．特に，細胞を中心とした相互作用の解析が基盤技術になりうるため，（ⅰ）細胞の構成要素，細胞，組織を操作するための微細操作技術は重要である．また，（ⅱ）細胞内外の環境を能動的に制御することを可能とするマイクロ流体チップ技術も重要である．

3.3 微細操作技術の分類と現状

これまで，様々な微細操作技術が提案されてきた[3,4]．バイオ応用においては液体中での操作が一般的である．そこで，図 3.2 にこれまでに提案されている操作対象物の液体中での操作方法をアクセス方法の観点から分類した[5]．

図 3.2 (a) はディッシュなどの開いた空間に置かれた細胞や胚などを操作する場合に利用される基本的な方式である．機械式の接触操作を基本としており，マニピュレータの駆動方法としてはアクチュエータや機構の種類に応じて様々な方式が提案されている．アクチュエータの駆動源としては電場，磁場，圧電，油空圧，熱などがある．環境変動やツールの運動による外乱の影響が課題となる．

図 3.2 (b) は閉じた空間で機械式に接触操作する場合である．機械式の可動機構と，液体で満たされている空間との界面をどのように実現するかで，様々な方式が考えられる．走査型プローブ顕微鏡（SPM）として利用する場合は密封性の高い弾性要素でシールするケースが多い．我々は気液界面の圧力を調整する方法（World-to-Chip Interface）を提案している[6]．こ

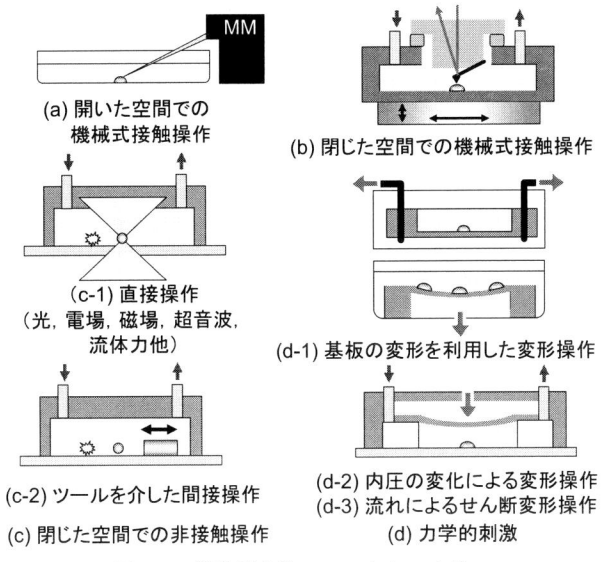

図 3.2 操作対象物へのアクセス方法.

の方式はマイクロ流体チップの利点を活かすことが可能で，位置決め精度が高い走査型プローブをマイクロ流体チップと併用して利用できる点において優位性があると言える．

図 3.2（c）は閉じた空間で非接触操作する場合であり，(c-1) 対象物を直接操作する直接操作と，(c-2) ツールを介して間接的に操作する場合に分けることができる．

（c-1）の直接操作する場合は，駆動源として，光（レーザ），電場，磁場，超音波，流体力などが利用される．表 3.1 には液体中での非接触操作方法の分類と特徴を示す．光ピンセット[7]は個別操作に適するが，直接レーザ照射による対象物の熱吸収や生成された反応性化学種

表 3.1 液体中の非接触操作方法の分類と特徴.

液体中の非接触操作法	力の作用形態	特徴
光ピンセット (Mic 粒子)	点，多点	大きさ数ミクロン前後～10 μm 程度 高速搬送困難，大量搬送困難
(Rayleigh 粒子)	空間	大きさサブミクロン以下～25 nm 程度 高速搬送困難，大量搬送困難
超音波	多点	対象物の密度に依存，微粒子困難
管内の流体力	面	高速搬送，大量搬送容易
電気泳動	面	高速搬送，DC 電界，大量搬送容易
誘電泳動	空間	電界勾配に依存，近距離で有効，固定電界，AC 駆動可，大量搬送容易，大きさ 100 μm～10 nm 程度
トラベリングウェーブ駆動	空間	電界に応じて長距離搬送可能，高速搬送，変動電界，大量搬送容易
エレクトロローテーション	回転トルク	三次元姿勢制御可能，回転電界
磁場	空間 回転トルク	対象物が磁性体，大量搬送容易 三次元姿勢制御可能，回転磁界

第3章　マイクロ流体チップを用いた細胞の「その場」解析技術

による損傷等に注意を要する[8,9]．図3.3には静電力による微粒子の運動制御を分類した[10]．微粒子の搬送，回転，姿勢制御に，直流電界，交流電界，交換電界，回転電界が利用できる．微細電極を用いれば，操作に必要な力を低電圧で得ることができることから，静電力は微粒子の操作に適しており，主に微粒子集団の操作に適用された．しかし，任意の電界分布を空間的に切り替えることは容易ではないため，微小物体の個別操作には難があった．近年，デジタルマイクロミラーによりパターン化された光照射により電界勾配を発生させる方法[11]が提案され，注目を浴びている．各手法には一長一短があり，発生力および力の作用形態が異なるため，目的に応じて使い分けたり，組み合わせて利用することで操作性を向上できる[12]．

　（c-2）のツールを介して間接的に操作する場合は，さらに自由度の高い操作が可能となる[13-15]．我々は，閉じた空間での単一細胞レベルでの各種計測・分析・クローニング・解剖操作を目的とし，微細作業を行うためのマイクロ・ナノロボットを搭載したマイクロ流体チップをロボチップ（Robochip）と呼んでおり，これに関する研究をオンチップロボティクス（On-Chip Robotics）として研究を進めている．マニピュレータを小型化し，マイクロ流体チップ内部に組み込むことで，以下のような利点が生まれる．（1）小型化，（2）高速駆動，（3）低外乱，（4）ディスポーザブル（コンタミの防止），（5）μ-TASとの融合が容易（拡張性）．ただし，閉じた空間でマニピュレータ（より一般的にはツール）を駆動するには非接触操作が必要で，（c-1）と同様に，レーザによる光放射圧，静電気力，磁力，超音波による放射圧などが利用できる．図3.4には磁気駆動マイクロツールを組み込んだ例[16]を示す．

　（c-2）のツールを介して間接的に操作する場合は，（c-1）の直接操作する場合と比較して，

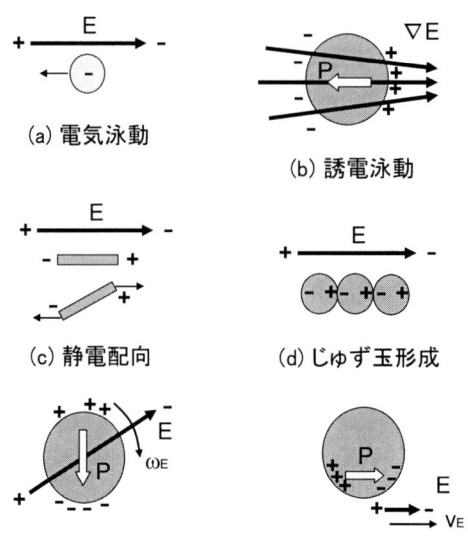

図3.3　静電力による微粒子の運動制御の分類．

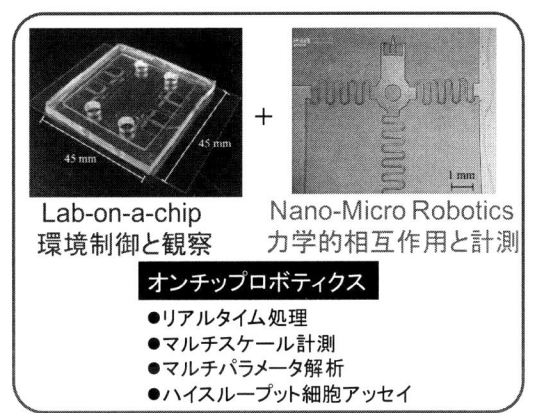

図3.4 磁気駆動マイクロツールを組み込んだオンチップロボットの例.

システムが複雑になるものの,多くの利点がある.例えば光ピンセットによるマイクロツールに関して利点をまとめると以下のようになる.

（ⅰ）対象物へのレーザの直接照射を避けられる
（ⅱ）マイクロツールによりトラップ力が向上する
（ⅲ）マイクロツールにより巧みな操作や計測が可能

光ピンセットは数ミクロン前後の大きさの対象物を操作する用途には向いており,独立に複数の対象物を高い空間分解能で操作する用途に適している.しかし,発生力が比較的小さい(pNオーダー)ため,胚などの100 μm 前後の対象物や組織の操作には適さない.一方,磁気駆動は光ピンセットに比べて,異なる操作点同士の干渉が起こりやすく,力の作用点の空間分解能を高めることは困難であるが,比較的大きな力(mNオーダー)を出せる利点がある[15-18].マイクロ流路を利用して,磁気駆動マイクロツールの運動方向を限定するなどの工夫をすると確実な操作が期待できる[15,17].また,磁場を適切に設計して運動の摩擦力を低減する工夫を施すことで,磁気駆動マイクロツールの位置決め精度が大幅に向上できる[18].

図3.2(d)は,細胞や組織への力学的刺激方法として分類に加えた.(d-1)は基板の変形を利用して基板に接着した細胞に引張りや圧縮応力を加えるものである[19-22].対象物に力を加える方法としては,図3.2(a)で紹介したような機械式の機構を用いてもよい.マイクロ流体チップ内のマイクロ流路を外側から押して,チップ内の対象物に力を加える場合も含まれる.一方(d-2)は空気圧もしくは機械的な圧縮によって,チャンバーの圧力を上昇させることで対象物に圧縮応力を加えるものである[23].(d-3)は流れによってせん断応力を加えるものであり,概略図は省略した.これらは細胞の分化制御の手段として期待されている.

図3.5に各種操作手法における操作対象物の大きさと空間的操作性の関係をまとめた.また,集団内の特定の対象物を個別に操作できるか,あるいは一括で集団的な操作に向いているかの観点で分類した.最近では,閉じた空間での3次元操作も可能となっている.図より,大

第3章 マイクロ流体チップを用いた細胞の「その場」解析技術

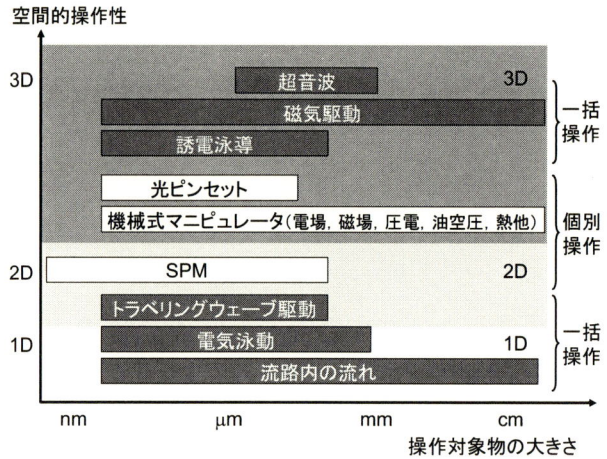

図3.5 操作対象物の大きさと空間的操作性.

きさ数ミクロン程度の細胞は全ての手法で操作可能であることがわかる．しかし，大きさを分子レベルや組織レベルに渡るマルチスケールに拡張すると，適用できる手法は限定される．また，細胞の剛性は植物と動物では大きく異なるため，力の出力や位置の空間分解能の観点から適用を考えると，用途に応じて異なる手法を使い分けることが望ましい．

3.4 マイクロ流体チップを利用した要素技術

　細胞の特性を調査するには微細加工技術を利用したマイクロ流体チップ技術が有用である[24]．マイクロ流体チップを利用する利点として，(1) 試薬量の減少，(2) 実験細胞数の減少，(3) 省スペース化，(4) 自動化の促進，(5) 異なる実験条件で並列処理，(6) 低コスト化などがあげられる．近年，ナノテクノロジーの発展により，ナノ寸法精度を有する機能デバイスが実現できるようになった．マイクロ流体チップの製作に利用される微細加工技術に関しては他の成書を参照されたい[25]．

　これまで，マイクロチップ内部の層流を利用して細胞周りの電気化学的勾配やイオン濃度勾配などの環境情報を変化させる研究報告があるが，特定の細胞や選ばれた細胞集団に対する調査は困難である．マイクロ流体チップを用いた細胞実験に微小操作が加わることで，分子，細胞，組織レベルで微小な対象物を極めて高い選択性をもって高精度に位置決めし，細胞周りの実験条件を柔軟に変更できることになる．マイクロ流体チップの特徴を活かせば特定の細胞の物理化学的環境（濃度勾配，温度勾配など）を自由に変更できる．これにより細胞内あるいは細胞間における各種相互作用を能動的に引き起こし，その変化を追うことで，細胞システムの仕組みを調査できる．細胞を操作して変化を追いかける方法を分類すると以下のようになる．

　(i) 集団の環境条件を変更する場合

（ⅱ）固体の近傍の環境条件を変更する場合

（ⅲ）固体の内部に部分的な変更を加える場合

オンチップの細胞実験系は，（a）細胞を浮遊させたまま，もしくは（b）固定して（接着させて）変化をみる方法に分けられる．安田らは半透膜で仕切ったマイクロチャンバーに大腸菌1菌体を閉じ込め，単一細胞解析を行った．複数の細胞それぞれの変化を追いかける場合は，細胞を固定することで，分析作業が容易となる．細胞自身が接着性を有する場合はチャンバー表面をタンパク質やコラーゲンなどでコーティングして接着を待つが，非接着性の細胞や特に走行性を有する微生物を扱う場合には能動的に固定する必要がある．固定法には化学固定法（chemical fixation）と物理固定法（physical fixation）があるが，細胞が生きている状態で可逆的に固定する簡便な手法として，感温性高分子ゲルを用いる方法が開発された[26]．マイクロ流体チップ内部の局所温度制御は微小なヒータにより可能である．これを利用してオンチップで細胞集団から狙った細胞を分離し，細胞の組み合わせや培養条件，反応条件を自由に設定し，オンチップでその場観察可能な技術が開発されている．

特定の細胞の分析には，蛍光観察を主とするビデオ顕微鏡をベースとする方法や，化学反応を起こして検出する方法が代表的である．例えば，石浜らは大腸菌ゲノムの全遺伝子の転写開始シグナル（プロモーター）を単離し，2種類の蛍光発色タンパク（GFP，RFP）をレポーターとして活性を計測するプロモーター活性計測系を構築した．これは，環境変動に伴うゲノム全遺伝子の発現スペクトラムの変化を定量的かつ動的に観測するための基盤技術であり，細胞の位置と蛍光反応を対応づけることで，分析精度が高まる．また，北森らは，マイクロチップを用いてイムノアッセイを行う手法を提案し，分析時間を短縮している．反応場として微小空間を利用することで，短い拡散移動距離と大きな比界面積という特長を活用している．以上のように，小型集積化の利点を活かし，反応から分析までの工程をマイクロ流体チップ内で全て行うことで，自動化を促進し，異なる実験条件で並列処理を行って，最終的に全体として経済的な実験系を組むことが期待される．これには細胞の変化や微量な細胞生成物質をより高感度に検出できる計測方法が課題といえる．

3.5 オンチップ細胞応答計測の事例紹介

オンチップ細胞応答計測は，これまで未知であった細胞の機能や特性（例えば，細胞の個体差，生化学的特性，機械的特性，電気的特性，遺伝子の発現の様子，好培養条件，複合微生物系での特性など）とその仕組みを解明することに役立てることができる．以下では，我々がこれまでに行ったオンチップ細胞応答計測の事例をいくつか紹介する．

3.5.1　感温性高分子ゲルを用いた細胞固定とオンチップ培養

感温性高分子ゲルの代表例として，ポリ（N-イソプロピルアクリルアミド）がよく利用される．この下限臨界溶液温度（LCST）は 32℃ であり，多くの細胞実験に適している．これを培養皿の表面に共有結合的に固定化したものが岡野らによって開発されている．一方，温度変化によりゾルゲル相転移をおこす特性を利用して，浮遊している細胞を分離・固定することが可能である[26]．感温性ゲルはポリ（N-イソプロピルアクリルアミド），メチルセルロース，メビオール®ジェルなど，様々なものがあり，目的に応じて望ましい相転移温度を有するものを選択するとよい．

局所的なゲル化のための加熱手法として，以下に示す方法の有効性が確認されている．
(1) 透明電極（ITO）の加熱による方法
(2) レーザをフォーカスして透明電極を加熱する方法
(3) レーザをフォーカスしてフォーカス近傍を局所的に加熱する方法

1 番目は微小なヒータを用いる場合で，小型化により応答性が増し，電極のサイズによっては ms オーダーも可能である．冷却は流体温度を LCST より低く設定すれば自然冷却でも十分早い[26]．図 3.6 には電極加熱による微小物体の捕捉とリリースの概念を示す．ゾルゲル相転移のヒステリシス特性を活用すれば，複数のターゲットを連続的にハイドロゲル中に固定することが可能であることは興味深い．2 番目はレーザ照射による熱吸収を利用する方法で，非接触加熱が可能となる．3 番目はレーザフォーカス位置に局所的にゲル化を起こして微小なゲル製の微粒子を形成する手法である．この微粒子は光トラップできるため，操作のためのツールとして利用することも可能である[27]．特筆すべきは，この方法を用いることにより，細胞だけでなく，DNA 分子やウイルスをトラップして搬送することができる点である．この技術を利用してレーザトラップで任意の細胞を目的の位置に搬送し，単一細胞の増殖課程をリアルタイムに観察することが可能である[27]．また，DNA 分子（T4GT7, NIPPON GENE CO. LTD., 166 kbps）を引き伸ばして搬送することも可能である．

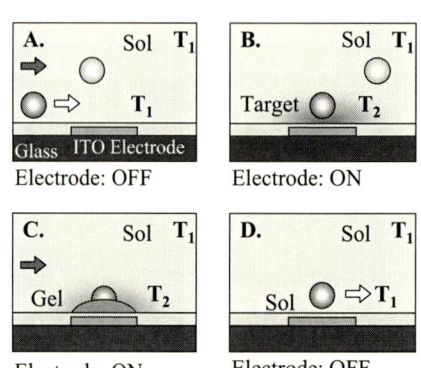

図 3.6　微小電極加熱による細胞の捕捉とリリースの概念．

図 3.7 にオンチップ細胞培養のためのマイクロ流体チップの概念図を示す．チップ内部には細胞や試薬を流すための微細な流路が作りこまれている．また，流路の中央には透明なマイクロ電極による微小なヒータが作りこんである．このヒータに電流を流して局所加熱できる．近傍に小型の抵抗温度センサを作りこんでフィードバック制御すれば，温度制御の安定性が増す[28]．マイクロ流体チップは PDMS とガラス基板を用いて製作した．ゲル化によって細胞を捕捉するために，ガラス基板上に ITO 薄膜による透明電極を用いた．このため，細胞を光学顕微鏡で観察しながら分離，培養，反応などの実験が可能である．

図 3.8 にチップ内でのイースト菌の分離とオンチップ培養の実験結果を示す．実験ではポリ（N-イソプロピルアクリルアミド）10％溶液を用いた．印加電圧 1.40 V で ITO 電極を通電加熱することで，B でイースト菌がハイドロゲルによって固定され，その後の洗浄によって分離された．これに YPD broth 5％溶液を与えると，C，D に示すとおり，培養によってイースト菌が増殖した．また，蛍光試薬 5 (and 6)-carboxyfluorescein diacetate を流すことで，細胞の蛍光染色と観察をその場で行える．このような固定，反応，観察実験は走行性を有するビブリオ菌でも成功し，有効性が確認されている．

3.5.2　光ピンセットを用いた細胞の位置決めと固定

目的の細胞をチップ内の決められた位置に位置決めするには，流速とヒータへの通電加熱のタイミングをうまくはかることでも可能であるが，簡単ではない．一方，細胞の正確な位置決めは光ピンセットにより可能であるが，ITO 電極に直接レーザをあてると，条件によっては

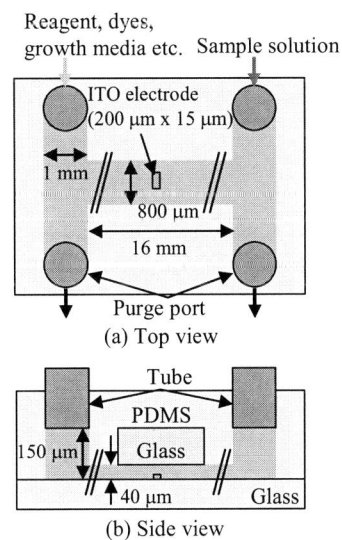

図 3.7　オンチップ細胞培養のためのマイクロ流体チップの概念図．

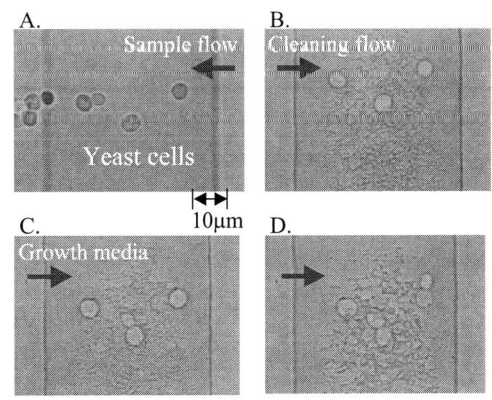

図 3.8　イースト菌の分離とオンチップ培養．

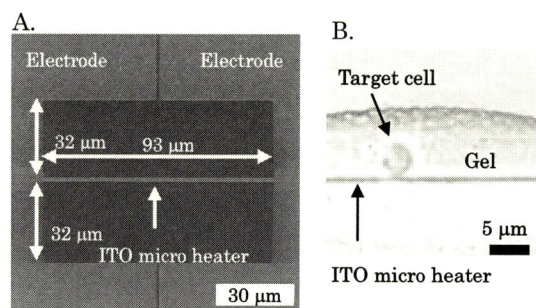

図 3.9 ITO 透明電極の電子顕微鏡写真．(A) とゲル中に捕捉されたイースト菌の光学顕微鏡写真 (B)．

電極が瞬時に破壊されてしまう．

これを解決するために，図 3.9 A. に示すような幅 1 μm の極細のヒータを利用して，光ピンセットと共用できる条件を調べた[29]．幅 1 μm の ITO ヒータでは，レーザの焦点が 20 μm/s の速度で横切っても破壊されないことが解析および実験結果から確認できた．また，光ピンセットで細胞をヒータ近傍に位置決めした後に，この ITO ヒータに 0.6 V 程度の電圧を加え，細胞をゲルで固定することが可能であった（図 3.9 B.）．この技術は今後，複合微生物系の解析に利用できる．

3.5.3 光硬化性樹脂を用いた細胞のその場固定とオンチップ培養

単一細胞の特性を調査するためには，特定の細胞の位置情報を保持した状態で試薬を投入し，変化をモニタリングする必要がある．レーザトラップによる単一細胞操作と，光硬化性樹脂による単一細胞固定とを組み合わせた単一細胞実験システムを構築した．まず，光硬化性樹脂（ENT-3400，関西ペイント製）を 20％で希釈した溶液中において，ターゲットとなるイースト菌に紫外線を照射してガラス基板上に固定する．感温性ゲルによる固定力は決して強力とはいえない（流速 0.2 mm/s 程度）が，光硬化性樹脂による固定力はきわめて強い（流速 466 mm/s 以上）ため，外乱に強く，長時間の観察に向いている．マイクロ流体チップ内に 5 wt％ Difco Bacto YPD broth を投入し，光硬化性樹脂で固定したイースト菌をその場で培養したところ，早いものは数時間後に分裂した[30]．この状態で，蛍光試薬 5 (and 6)-carboxyfluorescein diacetate によって，イースト菌を蛍光染色することができ，固定化された細胞にはエステラーゼ活性があることがわかった．

3.5.4 垂直半透膜のその場造形と細胞応答計測

マイクロ流路に光硬化性樹脂プレポリマーを投入することで，その液滴を光ピンセットで操作してマイクロツールとして利用したり，紫外線を局所に照射してチップ内部に細胞ケージ

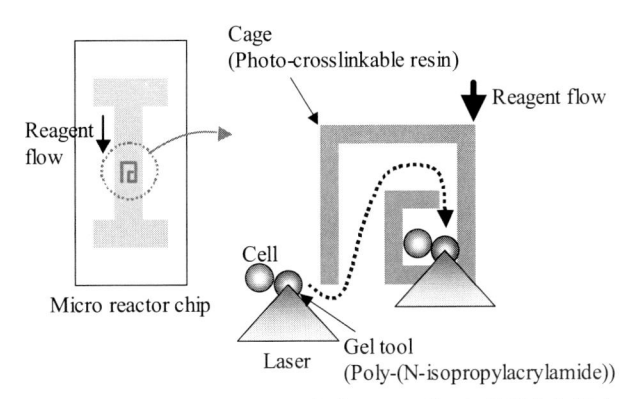

図 3.10 ゲル微粒子のレーザ操作による単一細胞操作と限定空間での局所反応実験の概念図.

などのマイクロ構造物を作成できる．硬化した光硬化樹脂は透過性を持っており，培養液や試薬の成分が透過するため，細胞ケージの中で細胞の分離，培養，蛍光染色・観察が可能である[31, 32]．図 3.10 にシステムの概念図を示す．ケージ内に細胞を搬送後は培養液を導入し，細胞を液中に浮遊させた状態で培養できる．また，蛍光試薬を流し，細胞の蛍光染色およびタイムラプス観察も可能であるため，浮遊性の細胞や走行性の細菌を局所限定空間で反応させ，その応答を計測する用途に利用できる．我々は藍藻を対象として，ワイルドタイプとイオンチャネルを欠損させたミュータントを細胞ケージにいれ，浸透圧変化に対する細胞サイズの変化を比較観察することで，イオンチャネルの動的応答特性を評価した[32]．

3.5.5 細胞内外の環境計測ツール

上述したようなハイドロゲルは，チップ内部のガラス流路表面にハイドロゲルをフォトリソグラフィによってパターンニングし，pH 感受性の試薬をいれることで，マイクロ流路内での局所情報計測（pH，温度）に利用できる[33]．

また，マイクロサイズのビーズにして内部に pH 感受性の試薬や，蛍光試薬をいれることが可能である．ビーズを光ピンセットでトラップして位置決めすることで，チップ内部の環境計測（pH，温度）に利用できる[34]．最近では，光により局所的な pH 制御が可能な機能性ゲルツールが開発されている[35]．ゲルツールは親水性光硬化性樹脂を主成分とし，内部に化学物質を保持可能である．このツールは光ピンセットで操作可能であり，生体適合性を有するため細胞実験への適用が可能である．ゲルツールにはフォトクロミック材料のロイコクリスタルバイオレット（LCV）が導入されており，紫外光照射によって構造変化を起こして水素イオンを放出し，可視光照射で元に戻る．ゲルツールへの LCV の導入量と紫外光の照射量を制御することで pH の変化量の制御に成功している．この光 pH 制御手法を応用し，低 pH で細胞膜に融合するリポソーム内にこのゲルツールをいれておき，光照射によって選択的にリポソーム

第3章 マイクロ流体チップを用いた細胞の「その場」解析技術

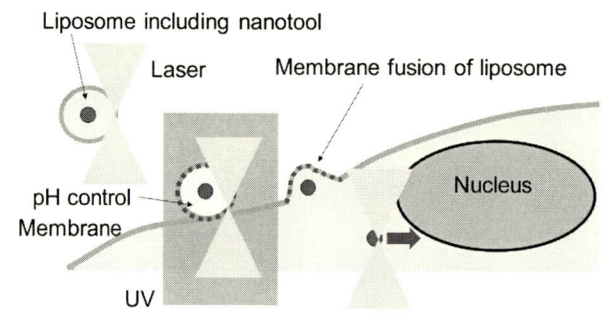

図3.11 ゲルツールの細胞内への選択的導入法の概念図.

の細胞付着特性を制御することが可能である．細胞に付着したリポソームはリポフェクションによってゲルツールを細胞内に導入し，これを操作することで細胞内の温度を計測できる．図3.11に細胞内への導入の概念図を示す．この方法は光ピンセット操作と組み合わせることで細胞の核内の環境計測にも利用できる．

3.5.6　単一ウイルス操作による特定細胞への感染と応答計測

　ウイルスの操作は光ピンセットや誘電泳導力によって可能である．ウイルスは複製・増殖のために細胞へ感染し，細胞の増殖機能を利用する．細胞内ではウイルスRNAやウイルスタンパク質などの生体高分子の合成が行われるが，この過程には多くの宿主側分子とその機能が関わっている．ウイルスの増殖には細胞の転写活性と強い相関があると考えられているが，従来行われてきた転写活性に差のある不均一な細胞集団を用いた実験系では，ウイルス増殖の定量的解析が不可能であった．ウイルス増殖の定量的な解析のためには，特定の細胞に感染するウイルスの個数を厳密に制御する必要がある．そこで，我々は単一ウイルスを特定の細胞に感染させるためのマイクロ流体チップを開発した．図3.12にその概念図を示す．チップ内で光ピンセットを利用してウイルスを操作し，特定の細胞に感染させることに成功した[36]．これに先

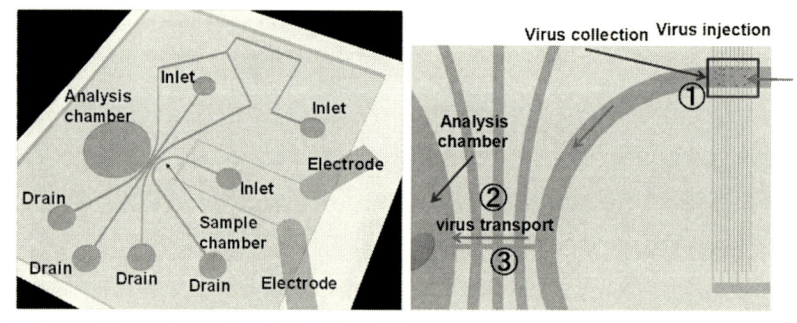

図3.12　単一ウイルスを特定の細胞に感染させるためのマイクロ流体チップの概念図．①誘電泳導力によるウイルスの濃縮．②光ピンセットによる単一ウイルスの搬送と特定の細胞への感染．③光硬化性樹脂による搬送流路の遮断．

に述べた細胞内外の環境計測ツールを併用することで，ウイルス感染の仕組みを解明し，診断予防に貢献できるのではと期待している．

3.5.7 細胞の機械特性計測と評価

細胞との物理的相互作用が可能となるので細胞の機械的な特性の計測も可能である．従来は走査型プローブ顕微鏡（SPM）がよく利用されているが，計測速度が遅く，大量のサンプルに適した方法とはいえない．このため我々のグループは大阪大学と共同で，細胞などの対象物をマイクロ流路中で流しながらオンチップで高速に計測する方法を提案した[37]．マイクロ流路の一部を狭くしてあるところに赤血球を流し，赤血球の通過時間とその硬さの関係を調べた[37]．また，マイクロチップ内に磁気駆動マイクロツールを組み込み，これを駆動することで珪藻に定量的に力刺激を与え，その前後の刺激特性計測を行っている[16]．

3.5.8 細胞伸展培養による分化の活性評価

最近では，細胞に外部刺激を与えて反応をみることが盛んに行われるようになった．細胞に負荷を与える手法は，機械的にひずみを与えるものと流体力によってひずみを与えるものがある．これまで，骨芽細胞，血管内皮細胞，平滑筋細胞，線維芽細胞，胎児肺細胞，その他の細胞で，細胞伸展による影響を調べるためにさまざまな装置が開発された．例えば，機械刺激による骨芽細胞の活性化が行われている．前骨芽細胞への機械的刺激がその分化を促進する事実は知られており，従来から研究されているが，その機構については未だに知られていない．細胞分化のための最適応力条件が異なる可能性も指摘されており，分化の最適条件を検索できるツールが必要とされている．そこで，減圧によってPDMSを変形させることで細胞を伸展し，幹細胞の分化促進条件を評価するマイクロ流体チップが開発された[20,21]．細胞の分化と応力との因果関係を調査できる．再生医療の実現に向けて，分化の最適条件を探索する手法として有望である．

3.6 おわりに

生命現象の本質を明らかにし，応用展開を図る上で，単一細胞に着目して分子レベルから組織レベルまでを網羅したオンチップ細胞応答解析技術の一端を紹介した．その基盤技術として，微小操作技術やマイクロ流体チップ技術が重要な役割を担う．微小操作技術，微細加工技術と細胞工学との融合の流れは目覚ましく，今後も操作技術を基盤としたオンチップ「その場」解析技術がシステム細胞工学の発展に貢献できるものと期待する．

第3章　マイクロ流体チップを用いた細胞の「その場」解析技術

〈参考文献〉
1) 福田，"システム細胞工学とロボティクス"，日本ロボット学会誌，**25**(2)，174-177（2007）
2) 新井，"オンチップ細胞分離・操作と応答計測"，細胞分離・操作技術の最前線，シーエムシー出版，96-108（2008）
3) 新井，"マイクロ・ナノマニピュレーション技術の将来展望"，精密工学会誌，**68**(11)，1389-1392（2002）
4) 新井，福田，"オンチップ細胞応答計測システムインテグレーション：システム細胞工学のための単一細胞解析"，計測と制御，**44**(7)，498-503（2005）
5) 新井，"オンチップ非接触操作技術"，日本ロボット学会誌，**25**(2)，178-181（2007）
6) N. Inomata et al., *Proc. of Micro-Nano Mechatronics and Human Science (MHS2009)*, 456-461（2009）
7) D. G. Grier, *Nature*, **424**, 810-816（2003）
8) H. Liang et al., *Biophysical Journal*, **70**, 1529-1533（1996）
9) K. C. Neuman et al., *Biophysical Journal*, **77**, 2856-2863（1999）
10) 新井，"マイクロシステムの現状と静電気応用"，静電気学会誌，**23**(4)，176-179（1999）
11) P. Y. Chiou et al., *Nature*, **436**, 370-372（2005）
12) F. Arai et al., *Electrophoresis*, **22**(2)，283-288（2001）
13) F. Arai et al., *Proc. IEEE Int. Conf. on Micro Electro Mechanical Systems*, 727-732（2000）
14) F. Arai et al., *IEEE/ASME Trans. on Mechatronics*, **8**(1)，3-9（2003）
15) H. Maruyama et al., *Journal of Robotics and Mechatronics*, **18**(3)，264-270（2006）
16) T. Kawahara et al., "Control and Sensing Platform of Magnetically driven Microtool for On-Chip Single Cell Evaluation", *Proc. of Micro-Nano Mechatronics and Human Science (MHS2010)*, 322-327（2010）
17) Y. Yamanishi et al., *Biomed Microdevices*, **12**, 745-752（2010）
18) M. Haigwara et al., *Applied Physics Letters*, **97**, 013701-1-013701-3（2010）
19) http://www.strex.co.jp/
20) T. Uchida et al., *JSME International Journal*, **49**(3)，852-858（2006）
21) T. Masuda et al., *Journal of Biotechnology*, **133**, 231-238（2008）
22) T. Anada et al., *Sensors & Actuators*: B. Chemical, **147**, 376-379（2010）
23) W.-Y. Sim et al., *Proc. of μTAS 2006 Conf.*, 1543-1545（2006）
24) 佐藤，"細胞実験のためのマイクロシステムの開発"，化学とマイクロ・ナノシステム，**4**(2)，1-5（2006）
25) 例えば，化学とマイクロ・ナノシステム研究会監修：マイクロ化学チップの技術と応用，丸善（2004）
26) F. Arai et al., *Analyst*, **128**, 547-551（2003）
27) A. Ichikawa et al., *Applied Physics Letters*, **87**(19)，191108-1-191108-3（2005）
28) Y. Yamanishi et al., *IEEE Transactions on Nanobioscience*, **8**(4)，312-317（2009）
29) F. Arai et al., *Lab on a chip*, **5**(12)，1399-1403（2005）
30) H. Maruyama et al., *Analyst*, **130**, 304-310（2005）
31) F. Arai et al., *Proc. MEMS 2005*, 822-825（2005）
32) F. Arai et al., *Proc. of 12th μTAS 2008*, San Diego, 1861-1863（2008）
33) H. Maruyama et al., *Proc. MEMS 2008*, 224-227（2008）

〈参考文献〉

34) H. Maruyama *et al.*, *Lab on a chip*, **7**(2), 346-351（2008）
35) H. Maruyama *et al.*, *10th IEEE Int. Conf. Nanotechnology*, IEEE NANO 2010（2010）
36) F. Arai *et al.*, *9th IEEE Int. Conf. Nanotechnology*, IEEE NANO 2009, 571-574（2009）
37) Y. Hirose *et. al.*, *Proc. 2010 IEEE Int. Conf. Robotics and Automation*, 4113-4118（2010）

第4章
フェムト秒レーザー誘起衝撃力を利用した細胞接着力の非接触計測

細川陽一郎　(Yoichiroh Hosokawa)
奈良先端科学技術大学院大学　物質創成科学研究科　特任准教授

飯野敬矩　(Takenori Iino)
奈良先端科学技術大学院大学　物質創成科学研究科　博士後期課程

4.1 はじめに

　高強度のパルスレーザー光を顕微鏡下で水溶液中に集光すると，集光点で爆発現象が引き起こされ，衝撃波と応力波が集光点から伝搬する[1-3]．レーザー集光点近傍では，これらの波が衝撃力として細胞に作用する．特に光子を極限にまで時間的に集中させたフェムト秒レーザーを用いると，効率的な多光子吸収と励起状態吸収によって非常に微弱なエネルギーで爆発現象を引き起こすことができ，顕微鏡下ではその爆発により影響を受ける領域を，数10 μm 程度の領域に制限することができる．

　近年，我々は近赤外フェムト秒レーザーを細胞培養液中に集光し，この衝撃力を細胞操作に利用している．この方法では，機械式の細胞マニピュレーターよりも遙かに高精度に細胞を操作でき，さらにはレーザーピンセットでは操作の難しい基板に接着した細胞を剥離することもできることをデモンストレーションしている[4,5]．現在我々は，この衝撃力により細胞間の接着力を評価する新手法を確立しようとしている．そのためには，培養液中に伝搬する応力波の強度を定量化し，応力波が細胞に及ぼす力学作用を明らかにすることが不可欠である．一般に溶液中の局所的な応力波の測定にはハイドロフォンが用いられるが[6]，集光フェムト秒レーザーにより引き起こされる数10 μm の局所領域に局在した微小な応力波を測定することは不可能である．

　そこでこの応力波を測定するための新しい手法として，原子間力顕微鏡（AFM）を用いた局所応力計測システムを開発している[7,8]．図4.1にその原理図を示す．フェムト秒レーザーの

第 4 章　フェムト秒レーザー誘起衝撃力を利用した細胞接着力の非接触計測

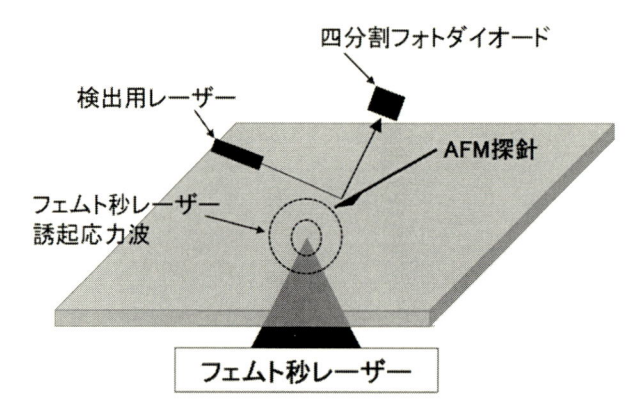

図 4.1　原子間力顕微鏡（AFM）を用いた局所応力測定の原理図.

集光点で発生する応力波により AFM 探針がたわみ，四分割フォトダイオードへの検出レーザーの入射位置が変化する．この時に生じる電位差の時間変化を計測することにより，AFM 探針のたわみを時系列に調べることができる．本稿では，フェムト秒レーザー誘起衝撃力が探針に加える力を解析する方法（4.2 節，4.3 節）を示し，その結果を基に細胞に加わる衝撃力の大きさを解析する方法（4.4 節）について示す．

4.2　フェムト秒レーザー誘起衝撃力に誘起される AFM 探針の振動

図 4.2 に原子間力顕微鏡を用いた局所応力計測のための実験系を示す．再生増幅器付きチタ

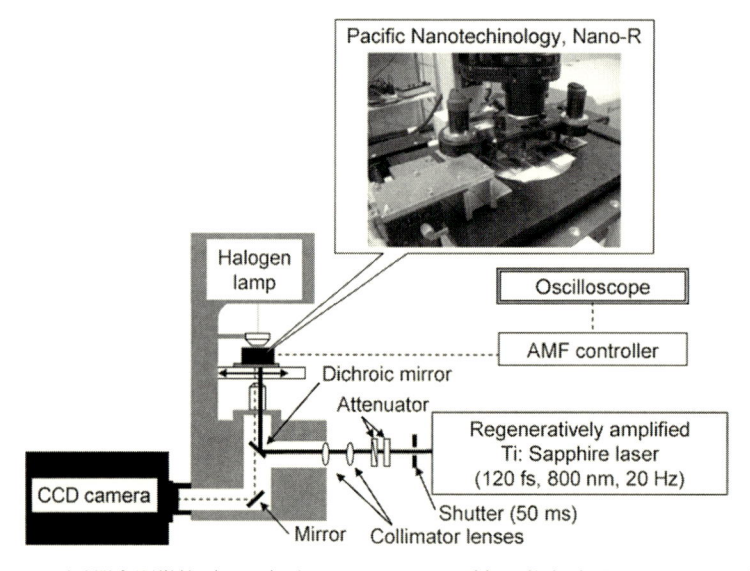

図 4.2　原子間力顕微鏡（AFM）を用いたレーザー誘起衝撃力計測のための実験系.

4.2 フェムト秒レーザー誘起衝撃力に誘起される AFM 探針の振動

ンサファイアレーザー（Spectra physics, Hurricane：120 fs，20 Hz）が倒立顕微鏡に導入されており，顕微鏡手前のコリメーターレンズにより，レーザーが顕微鏡の結像位置で集光されるように調整されている．顕微鏡手前にはゲートタイム 50 ms の機械式のシャッターが配置されており，これにより単発のレーザーパルスを切り出し，顕微鏡に導入されるようになっている．顕微鏡ステージ上には，スタンドアロン型の AFM ヘッド（Pacific Nanotechinology, Nano-R）が配置されており，AFM 探針がフェムト秒レーザー集光位置近傍にくるように調整されている．フェムト秒レーザーの集光点で発生する衝撃力が付加されると AFM 探針がたわみ，四分割フォトダイオードへの検出レーザーの入射位置が変化する．四分割フォトダイオードの上部と下部の電位差が直接オシロスコープに出力されており，AFM 探針のたわみを電圧差の時間変化として検出することができる．この電位差と探針のたわみ量は，探針をピエゾ素子により基板に押しつけた時の探針の位置変化と四分割フォトダイオードの電位差の関係を調べることにより分かり，本実験条件では，15 mV/nm であった．

図 4.3 に AFM 探針の振動挙動のレーザー集光位置依存性を示す．ここでは，エネルギー 400 nJ/pulse のレーザー光を 10 倍（NA 0.25）の対物レンズにより集光している．結像面方向の集光位置は AFM 探針の先端から 10 μm に固定して，光軸方向（z 方向）にレーザー集光位置をずらしたときに見られる振動挙動の変化を示している．レーザー集光位置が AFM 探針よりも上方にあるときには最初の振幅は下方向にみられ，下方にあるときの最初の振幅は上方向であった．つまり，AFM 探針は最初，応力波によって押される方向に動くことを意味している．

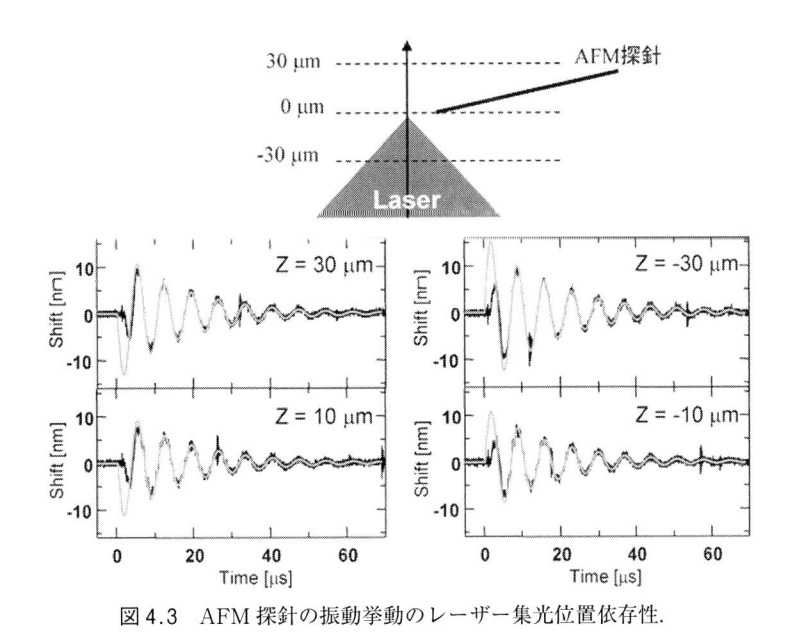

図 4.3　AFM 探針の振動挙動のレーザー集光位置依存性．

ここで AFM 探針に加えられる外力を $F(t)$ とすると，探針の運動は，

$$m\frac{\partial^2 Y(t)}{\partial t^2} + c\frac{\partial Y(t)}{\partial t} + kY(t) = F(t) \tag{1}$$

で表される質点の過渡減衰振動として近似することができる．$Y(t)$ の特殊解はデュアメル積分，

$$Y(t) = \frac{\omega^2 + \alpha^2}{\omega}\int_0^t \frac{F(\tau)}{k} e^{-\alpha(t-\tau)} \cdot \sin\{\omega \cdot (t-\tau)\} d\tau \tag{2}$$

で表せる．外力 $F(t)$ がデルタ関数である場合，衝撃力の時間積分である力積 F と $F(t)$ の関係は，

$$F(t) = F \cdot \delta(t) \Leftrightarrow \int F(t) dt = F \tag{3}$$

となる．(2) 式に (3) 式を代入することで，衝撃力による過渡減衰振動を示す式

$$Y(t) = \frac{\omega^2 + \alpha^2}{\omega}\frac{F}{k} e^{-\alpha \cdot t} \cdot \sin\{\omega \cdot t\} \tag{4}$$

が得られる．ここで，F, ω, α, k は，それぞれ衝撃力（力積），角速度，減衰係数，探針のバネ定数である．

本実験で使用した探針のバネ定数は 34 N/m であり，ω, α, k を変数として (4) 式を用い実験結果を最小二乗フィッティングすることにより，最初の振幅以外の振動はほぼ再現することができた．ω は水中で計測した AMF 探針の共鳴周波数と一致しており，AFM 探針が衝撃力により基本振動で自律的に振動していると考えられる．初期振幅が (4) 式で再現できない理由として①外力が探針の振動周期と同程度の時間加わっておりデルタ関数として近似できない，②初期振動には探針の基本振動のみでなく，高次の振動が影響を与えている，などの可能性が考えられる．これらの効果を無視した上記のフィッティングは，①と②の効果を含む初期振幅がその後の振動挙動により外挿できると仮定した近似解と考えることができる．

図 4.4 に，F, ω, α を変数として最小二乗フィッティングしたときの，それぞれの係数の Z 方向依存性を示す．F は Z 方向の集光位置の変化に従い，正の方向から負の方向に大きく変化するが，ω, α はほぼ一定であった．ω は探針の固有振動，α は溶媒の粘性に依存する係数であり，これらが集光位置に依存しないことは，本解析の妥当性を示す結果である．

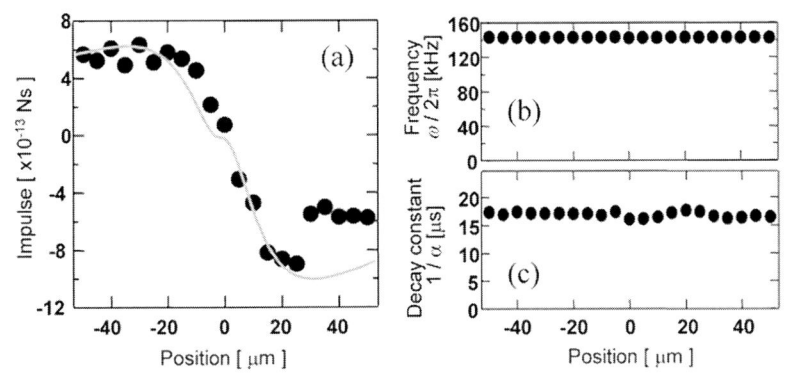

図4.4 AFM探針の振動解析パラメーター（a：F，b：ω，c：α）のレーザー集光位置依存性.

4.3 AFM探針に加わる衝撃力の幾何学モデル

図4.5に示すレーザー集光位置とAFM探針の位置関係を考慮したモデルに基づき，FのZ方向依存性についての解析を進めた．ここで，レーザー集光点でF_0の力が発生し，その力がレーザー集光点（0, 0, Z_0）から等方的（球状に）に，分散しない波束として伝搬すると仮定している．この場合，単位面積あたりの応力波の力は，集光点からの距離Rの2乗に反比例して減衰するので，半径Rの球面上の微小領域（Δa x Δb）に加わる力は，

$$\Delta f(x, y) = -F_0 \frac{\Delta a \cdot \Delta b}{4\pi R^2} \tag{5}$$

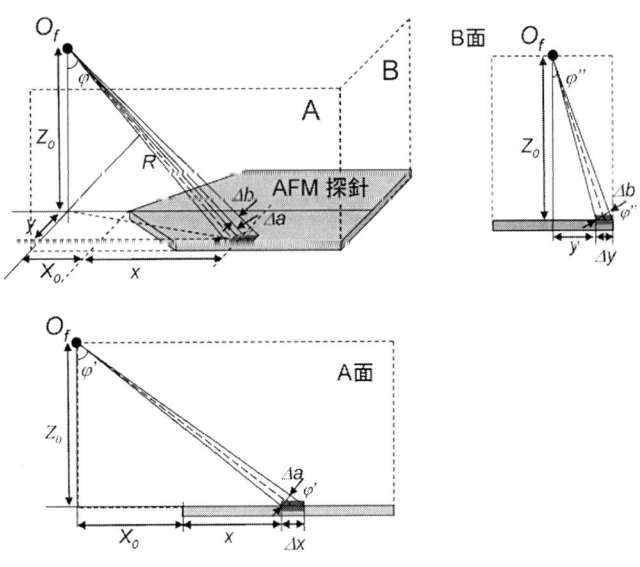

図4.5 レーザー集光点とAFM探針の幾何学モデル.

第4章 フェムト秒レーザー誘起衝撃力を利用した細胞接着力の非接触計測

と表すことができる．Δa, Δb は AFM 探針上の微小領域 Δx, Δy と (6) 式と (7) 式により関係づけられる．

$$\Delta a = \cos\varphi' \cdot \Delta x = \frac{|Z_0|}{\sqrt{(X_0+x)^2 + Z_0^2}} \Delta x \tag{6}$$

$$\Delta b = \cos\varphi'' \cdot \Delta y = \frac{|Z_0|}{\sqrt{y^2 + Z_0^2}} \Delta y \tag{7}$$

AFM 探針を押す力は (5) 式の Δf の Z 方向成分であるので，その力は，

$$\Delta f_Z(x,y) = \Delta f(x,y) \cos\varphi \tag{8}$$

と表される．(8) 式に (5) 式から (7) 式を代入すると，

$$\Delta f_Z(x,y) = -\frac{F_0}{4\pi} \cdot \frac{Z_0^3}{\{(X_0+x)^2 + y^2 + Z_0^2\}^{3/2}} \cdot \frac{\Delta x}{\sqrt{(X_0+x)^2 + Z_0^2}} \cdot \frac{\Delta y}{\sqrt{y^2 + Z_0^2}} \tag{9}$$

となり，AFM 探針上の微小領域（$\Delta x \times \Delta y$）に加わる力を直交座標系により規定することができる．

ここで，AFM 探針が光軸（Z 軸）上に 7 度の傾きを持っており，図 4.5 に示した座標を図 4.6 に示すように Y 軸上に回転させる必要がある．この時，(9) 式は，

$$\Delta f_Z(x,y) = -\frac{F_0}{4\pi} \cdot \frac{Z_0'^3}{\{(X_0'+x)^2 + y^2 + Z_0'^2\}^{3/2}} \cdot \frac{\Delta x}{\sqrt{(X_0'+x)^2 + Z_0'^2}} \cdot \frac{\Delta y}{\sqrt{y^2 + Z_0'^2}} \tag{10}$$

$$\begin{pmatrix} X_0' \\ Z_0' \end{pmatrix} = \begin{pmatrix} \cos\theta & -\sin\theta \\ \sin\theta & \cos\theta \end{pmatrix} \begin{pmatrix} X_0 \\ Z_0 \end{pmatrix}$$

となる．図 4.4a に，(10) 式から求められる AFM 探針を押す力の総和，

$$F_{AFM} = \iint_S f_Z(x,y) \, dx \, dy \tag{11}$$

の Z 方向依存性を示す．ここで F_0 以外の変数は全て実験条件として求められる幾何係数であり実験条件から決定されるので，F_0 のみを変数としてフィッティングとしている．AFM 探針に加わる力の方向は，$Z_0 = 0$ μm を境にして正と負が逆転し，$Z_0 = +20$ μm 付近で負の方向の力が最大に，$Z_0 = -20$ μm 付近で正の方向の力が最大になることが分かる．レーザーを $X_0 = 10$ μm に集光したとき，-30 μm $< Z_0 < +30$ μm の範囲で AFM 探針の先端のみに力が加わると考えられる．Z_0 の正方向と負方向の非対称性は，探針を 7° 傾けることにより再現できた．このような条件では，応力波にもたらされる AFM 探針の移動量は質点モデルにより近似

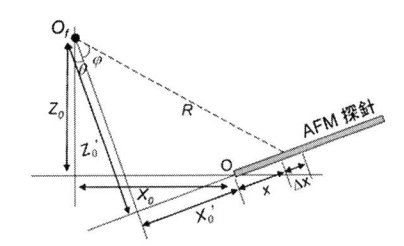

図 4.6 AFM 探針の光軸に対する傾きを考慮したモデル.

でき，そのバネ定数により力に見積もることができる．つまり，この範囲で AFM 探針の移動量の Z 方向依存性を測定し，F_0 を係数として，図 4.4 に示すように実験結果と照合することにより，レーザー集光点で発生する力の総和 F_0 を求めることができる．

4.4 球形細胞に加わる力の解析

4.2 節と 4.3 節で示した AFM 探針の振動解析により，レーザー集光点で発生する衝撃力の総和を求めることができた．つぎに，AFM 探針の代わりに細胞を配置したとき，球状の細胞に加わる衝撃力の解析方法を示す．レーザー集光点と細胞の位置が図 4.7 に示す関係にあるとき，集光点と細胞を結ぶ方向と垂直に加わる力は対称であり，向き合う力により相殺される．ゆえに，細胞には，集光点と細胞を結ぶ方向に押す力が加わると考えられ，その力 f は，

$$f = F_0 \frac{\int_0^{r_D} 2\pi r_D' \cos\theta' \, dr_D'}{4\pi R^2} \tag{12}$$

と表される．ここで，r_D' と θ' は，球の中心 O と球上のある点との距離と角度である．レーザー集光点と O の距離を R とすると，これらの係数の間には，

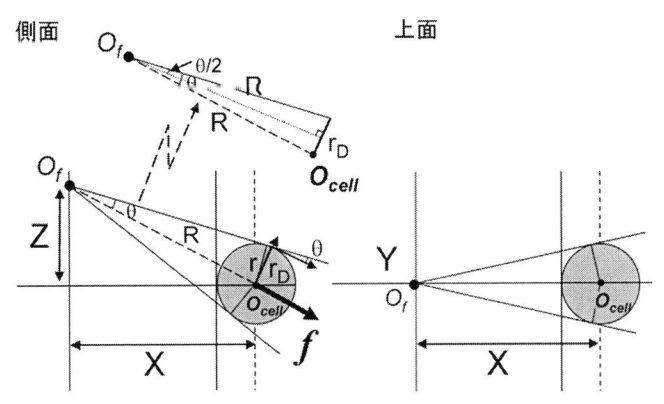

図 4.7 ある細胞層上に球状の細胞が吸着していると仮定したときのモデル．

$$r_D{'} = 2R\sin\frac{\theta'}{2} \tag{13}$$

の関係が成り立つ．この式を（12）式に代入すると，

$$\begin{aligned}f &= F_0 \frac{R^2 \int_0^\theta 2\pi \cdot 2R\sin\frac{\theta'}{2}\cos\theta' \cdot R\cos\frac{\theta'}{2}\,d\theta'}{4\pi R^2}\\&= \frac{F}{4}\sin^2\theta\end{aligned} \tag{14}$$

で示される解が得られる．この極座標系と直交座標系の間には，

$$\sin\theta = \frac{r}{R},\quad R^2 = X^2 + Z^2 \tag{15}$$

の関係が成り立つので，（14）式はさらに，

$$f = F_0 \frac{r^2}{4(X^2 + Z^2)} \tag{16}$$

と示すことができる．r，X，Zはレーザー照射条件から求められる係数であり，（10）式より求められたF_0を（16）式に代入することにより，球状の細胞に加わる力を求めることができる．

4.5　おわりに

　本稿では，フェムト秒レーザーを水中に集光したときに発生する微小領域に局在した応力波を，AFM探針の変位として計測し，そのときにAFM探針に加わる力と，その力より球状の細胞に加わる衝撃力を求める計算方法について示した．実際にはレーザー集光点は点ではなく，自己収束効果や収差によりZ方向に分散していると考えられるが，細胞に加わる衝撃力の計算は，AFM探針で実際に測定された衝撃力を求める計算の逆プロセスであり，この効果は計算の中でほぼ相殺されると考えられる．また，ここで示した計算により生じる誤差は，細胞の個別差により生じる細胞に加えられる力の計算誤差よりも小さいと考えられ，実験で想定している精度を満たしていると考えられる．本手法の発展により，新しい細胞接着力の評価方法が確立することが期待される．

〈参考文献〉

1) 増原宏, 細川陽一郎,「レーザーが拓くナノバイオ」, 化学同人, 51-77（2005）
2) 細川陽一郎, 伊藤彰彦,「基礎医学のためのフェムト秒レーザー応用：マイクロ津波による細胞接着力測定」, オプトロニクス, **328**, 205-208（2009）
3) 細川陽一郎ほか,「集光フェムト秒レーザーが誘起する諸現象を利用した細胞制御技術」, レーザー研究, **35**, 430-435（2007）
4) Y. Hosokawa *et al.*, *Appl. Phys. A.*, **79**, 795-798（2004）
5) T. Kaji *et al.*, *Appl. Phys. Lett.*, **91**, 23904（2007）
6) A. Vogel *et al.*, *Chem. Rev.*, **103**, 577-644（2003）
7) T. Iino *et al.*, *Appl. Phys. Express*, **3**, 107002（2010）
8) Y. Hosokawa *et al.*, *Proc. Natl. Acad. Sci. USA*（in press）

第5章
マスタ・スレーブ型マイクロマニピュレーション

望山　洋　　(Hiromi Mochiyama)
筑波大学　システム情報工学研究科　知能機能システム専攻　准教授

白土勇輝　　(Yuki Shirato)
筑波大学　システム情報工学研究科　知能機能システム専攻　博士前期課程

小林尚登　　(Hisato Kobayashi)
法政大学　デザイン工学部　システムデザイン学科　教授

樹野淳也　　(Junya Tatsuno)
近畿大学　工学部　機械工学科　准教授

河合宏之　　(Hiroyuki Kawai)
金沢工業大学　工学部　ロボティクス学科　准教授

5.1　はじめに

5.1.1　マスタ・スレーブ型マイクロマニピュレーションの存在意義

　マスタ・スレーブ型のマイクロマニピュレーションシステムは，操作者が顕微鏡を覗きこみながら，微小な動きの可能なマニピュレータをジョイスティックやダイヤルなどを介して操作する装置であり，特にバイオ操作に広く用いられている．"マスタ・スレーブ"は，ロボティクスの用語であり，1対のロボットアームと，それらの動作を繋ぐ伝達器から構成され，操作者が一方のロボットアーム（マスタアームという）を操作すると，その動きに応じて他方のロボットアーム（スレーブアーム）が動作するように伝達器が機能するシステムを意味する[13]．マスタ・スレーブシステムは，ロボティクスの中でも最も歴史のある研究トピックの一つであり，原子力プラントのメンテナンス作業や，低侵襲手術などに用いられている．マイクロマニピュレーションに用いられる場合は，マスタ側が人間サイズで，スレーブ側が顕微鏡で覗かなければ見ることの困難なマイクロ・ナノの世界であり，マスタアームの動きを縮小してスレーブアームに伝えるところが特徴である．近年，光ピンセットやGelツールなどの革新的な技術

や細胞操作の自動化技術が開発される中，マスタ・スレーブ型マイクロマニピュレーションシステムも未だに広く用いられており，その重要性を失っていない[14,15]．マスタ・スレーブ型マイクロマニピュレーションシステムでは，ナノオーダの領域まで踏み込むことは現状では困難であり，また，操作者が対象物体を一つずつ処理するため，効率が高いとも言えない．それにもかかわらず未だに広く用いられているのは，操作者の判断の下で，あたかも包丁で魚を捌くかの如く，個体差の大きい細胞などの微小生体を直接的・直感的に力学操作したいという強いニーズがあるためと考えられる．実際，顕微鏡下においてピペット，ニードル，ピンセットなどを手で直接操作して行うバイオ操作も数多く存在しており，現有のマスタ・スレーブ型マイクロマニピュレーションシステムの機能を拡張することにより，広範囲のバイオマニピュレーションタスクの効率化に寄与できると考えられる．

5.1.2 現状と課題

現在のマイクロマニピュレーションシステムの問題点は，主に2つある．第1に，微小物体を操作できる複雑な多自由度の機械システムを構築することが困難であるため，操作の自由度が乏しいことである．この問題を克服するために，10年以上も前に，Tanikawa, Araiはパラレルリンク機構の基づく2本指マイクロマニピュレータを開発した[8]．この装置を用いて，お箸で物体を挟んで操作するように，7 [μm] サイズのYeast菌細胞を掴み移動させることに成功している．この2本指マイクロマニピュレータは非常に革新的な装置であったが，従来型のマイクロマニピュレータに置き換わる存在にはならなかった．追加された操作の自由度に対して，システムが高価・複雑であったことが原因と考えられる．

もう1つの問題は，触覚フィードバックの欠如である．スレーブアームに力センサなどの触覚センサの仕掛けを設けて，その触覚情報に応じた反力や皮膚刺激をマスタアームによって操作者に呈示するとき，そのマスタ・スレーブシステムはバイラテラル（Bilateral）であると呼ばれる[10]．バイラテラル型マスタ・スレーブシステムにおける理想の状況は，通常，透明性（Transparency）という概念で理解されている．透明性とは，マスタ・スレーブ間の位置と力の情報の完全な伝達の度合いを意味する[2,6]．マイクロマニピュレーションの場合は，マイクロ環境における物理量の変化は微小であるため，これを電気信号に変換した際にノイズに埋もれてしまう．このため，マイクロ環境における微小な触覚情報を精度よく検出できる性能の良い触覚センサを作るのは困難である．触覚フィードバックの仕掛けが作れないため，操作者はマイクロ環境の触覚情報を感じることはできず，システムの透明性が確保できない．インジェクション作業に対しては，これを格段に容易とする圧電インパクト駆動機構[11]のような優れた技術が開発されているが，微小物体に対して多様な力学的操作を施し，所望のタスクを首尾よく達成することは極めて難しい．スレーブ側のマイクロ環境における触覚情報を検出する極めて感度の良いマイクロ力センサの開発が試みられているが，実用化には至っていないのが現

状である[9]．

　これら2つの問題点のため，マスタ・スレーブ型マイクロマニピュレーションシステムの操作者はある種の操作スキルを要求されるのが現状である．初心者であっても，長期間の訓練なしで，所望の微細作業を達成できるような効率の良いマスタ・スレーブ型マイクロマニピュレーションシステムの開発が求められている．

5.1.3　本稿の内容と構成

　本稿では，従来のマスタ・スレーブ型マイクロマニピュレーションシステムの良さを保持しつつ，機能を高めるためのいくつかの試みを紹介する．5.2節では，従来のマスタ・スレーブ型マイクロマニピュレーションシステムの基本構成を説明した上で，ロボティクスの観点から，従来システムが有する潜在能力を引き出す2つの活用法を紹介する．5.3節では，ストロー操作の有用性に着目し，ストロー操作をマイクロ環境で実現する新しいロボットシステムについて紹介する．5.4節では，ロボットストローをマスタ・スレーブ型マイクロマニピュレーションシステムに実装することにより，微生物の単離作業が簡単に実現できることを示す．5.5節において，本稿の内容をまとめ，今後の展開について述べる．

5.2　システムの基本構成と有効活用

　本節では，まず5.2.1項において，既存のマイクロマニピュレーションの基本構成を説明する．5.2.2項では，マイクロマニピュレータ対の自由度の配置によって多自由度の同時利用が可能となり，対象物体への3次元的な操作が可能となることを示す．5.2.3項では，接触フィードバックを実現する簡易な仕掛けでマイクロ領域における接触情報を操作者にフィードバックすることで，高度な力制御タスクを実現できることを示す．

5.2.1　マイクロマニピュレータの基本構成

　マスタ・スレーブ型マイクロマニピュレーションシステムは，通常，光学顕微鏡と2台のマイクロマニピュレータによって構成される．マイクロマニピュレータは，操作者によって直接動かされるマスタアーム，マスタアームの動きに応じて微小な動作をするスレーブアーム，これら2つのアームを繋ぐ伝達機構とから構成される．伝達部が電気的な場合もあるが，油圧などの機械式も良く使われている．操作者に対する反力呈示を諦めるのであれば，マスタアームはもっとシンプルな入力デバイスに置き換えて良い．マスタアームの代わりに，ジョイスティックやダイヤルなどが良く用いられる．

　以下本稿では，次の構成要素を用いることとして話を進める．

- 光学顕微鏡：Wraymer 製 SW-700TD（最大倍率 90 倍）
- ジョイスティック操作型マイクロマニピュレータ 2 台：Narishige 製 MMO-202ND × 2 台

上記の構成要素は広く用いられている極めて一般的な機器であるため，本稿の内容は，多くの同様の装置に対して一般性を失うことなく適用可能である．なお，ここで使用している Narishige のマイクロマニピュレータは，油圧による伝達機構を採用しているため動きの伝達が非常に滑らかであり，世界中で利用されているスタンダードである．通常は 2 台のマイクロマニピュレータを左右に配置して，操作者は左右の手でジョイスティックを介して，それぞれのマイクロマニピュレータを同時に操り，微細作業を達成する．

5.2.2　2×2＝4 自由度の同時利用

1 台のマイクロマニピュレータの自由度は 3 であるが，上下方向の自由度は，マスターアームであるジョイスティックを長手軸方向に回転させなければならないため，滑らかに同時操作可能な実質的自由度は 2 である．片方のマイクロマニピュレータのスレーブアームの先端には物体を操作するためのツールを取り付ける．このマイクロツールを操作ツールと呼ぶことにする．もう一方のマイクロマニピュレータのスレーブアームの先端にはプレートを取り付け，操作対象物体を載せる台とする．こちらのマイクロツールをベースツールと呼ぶことにする．図 5.1 に示すように，空間の xyz 座標に対して，片方のスレーブマニピュレータの動作方向を xy とし，もう一方のスレーブマニピュレータの動作方向を yz とする．操作ツール，ベースツールの先端の位置の座標をそれぞれ p_m, $p_b \in R^3$ とする．操作ツール，ベースツールの 2 自由度に対する自由パラメータをそれぞれ u_m, v_m, u_b, $v_b \in [-\bar{d}\ \bar{d}]$ とすると，操作ツール，ベー

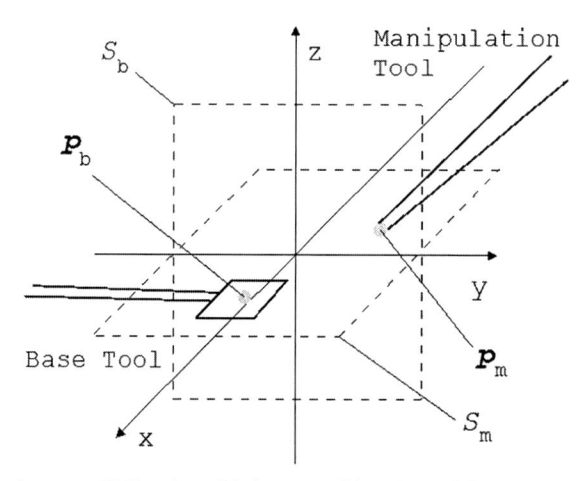

図 5.1　Simultaneous Utilization of 4 degrees of freedom of dual micro-manipulators.

スツールの先端の位置は次式のように表現できる．

$$\bm{p}_\mathrm{m} = \begin{bmatrix} u_\mathrm{m} \\ v_\mathrm{m} \\ 0 \end{bmatrix}, \ \bm{p}_\mathrm{b} = \begin{bmatrix} 0 \\ u_\mathrm{b} \\ v_\mathrm{b} \end{bmatrix} \tag{1}$$

ただし，$\bar{d}$ はマイクロマニピュレータの可動範囲を規定する正の定数である．このとき，操作ツールとベースツールの相対的な位置 $\Delta p \in \mathrm{R}^3$ は，次式で表される．

$$\Delta \bm{p} \ := \ \bm{p}_\mathrm{m} - \bm{p}_\mathrm{b} = \begin{bmatrix} u_\mathrm{m} \\ v_\mathrm{m} - u_\mathrm{b} \\ -v_\mathrm{b} \end{bmatrix} \tag{2}$$

u_m, v_m, u_b, v_b は自由パラメータであるので，もちろん領域は制限されるが，ベースツール上に置かれた操作物体に対して，操作ツールの3次元的な相対的位置決めが可能となることを上式は示している．しかも，冗長自由度が1あり，これは操作の窮屈さを軽減するのに活用できる．

5.2.3 接触情報のフィードバック

操作ツールとベースツールに，それぞれ導電性の金属の針とプレートを用いた上で，これらが機械的スイッチとなるような図 5.2 に示す回路を構成する．操作ツール，ベースツールはそれぞれ発振器，アンプに繋がる．アンプの先には小型のボイスコイルモータがあり，これをマイクロマニピュレータのジョイスティックに固定し，操作者が指先で振動を感じることができるようにしておく．マイクロツール間の通電状況に応じて，ボイスコイルモータが振動し，操作者に接触情報がもたらされる．この仕掛けにより，顕微鏡を通して視覚で確認できる接触のタイミングで，ジョイスティックを操作する指先に振動刺激が加わり，リアルな接触感を感じることができる．マイクロツールの組をモータ駆動のスイッチとして用いているため，ほとんど遅れなく接触情報を指先に呈示できる．この極めて小さなむだ時間が，接触感のリアリティを高めるのに役立っていると考えられる．また，ボイスコイルモータの駆動に伴う音は，接触感を増強する方向に作用する．ここで注意すべきことは，マイクロツール間の通電情報は，操作ツールと操作されるべき微小物体との接触を直接検出しているわけではないことである．しかし，ある種のタスクでは，マイクロツール間の通電情報に基づく接触感呈示がタスクの達成に大いに役立つ．もちろん，操作対象の微小物体が導電性であれば，物体との接触とほとんど等価な情報を検出することができる．

図 5.3 は，5.2.2 項で示した4自由度の同時利用と，本項で示した接触フィードバックの工夫を施したマスタ・スレーブ型マイクロマニピュレーションシステムの写真である．見た目は殆

第5章 マスタ・スレーブ型マイクロマニピュレーション

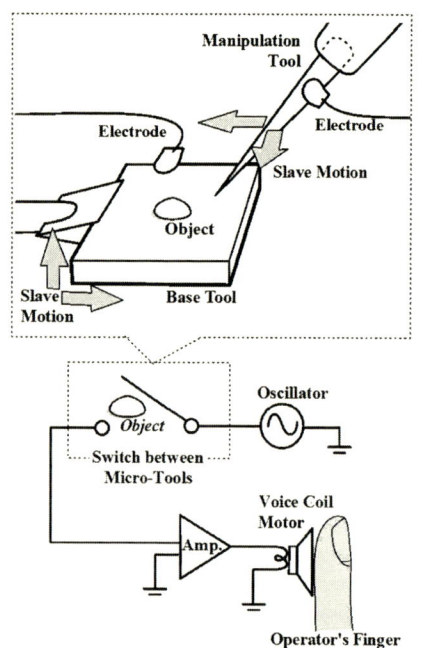

図5.2 Mechanical switch in between micro-tools for contact information feedback.

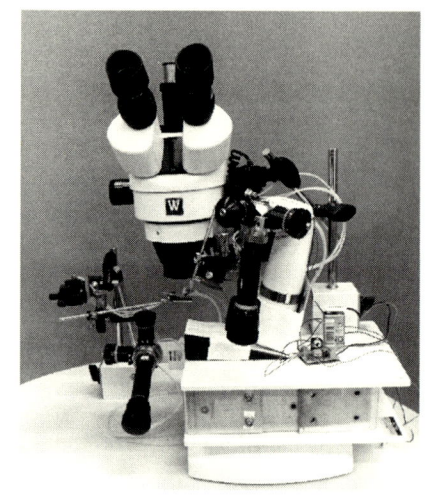

図5.3 System Front View.

ど通常のマイクロマニピュレーションシステムと変わらない．しかし，本システムを活用すると，マイクロ領域において，位置と力のハイブリッド制御が可能となり，例えば，操作ツールの先端を使って非常に微小な文字をベースプレート上に描くことが可能であることが確認されている[4]．この結果から，4自由度の同時利用の便利さに加えて，これまで明らかにされていなかったマイクロマニピュレーションにおける触覚フィードバックの有用性を理解することができる．

なお，図5.3のシステムでは，脳科学の知見に基づくインタラクションデザインの観点から，操作時の高臨場感を生成するために，身体像の錯覚が生ずるような工夫[1,3]も施されている．詳細については，文献[4]を参照されたい．

5.3 ロボティックストロー

本節では，従来のマイクロマニピュレーションシステムに新たな自由度を付与し，操作性を向上させるロボティックストローのアイデアを紹介する．5.3.1項では，ストローによって実現される最も典型的な作業の一つである単離作業について述べる．5.3.2項では，マイクロストローの力学的側面について議論する．5.3.3項では，著者らが開発したロボットストローシステムを紹介する．5.3.4項では，開発したロボットストローシステムの機能を定式化するこ

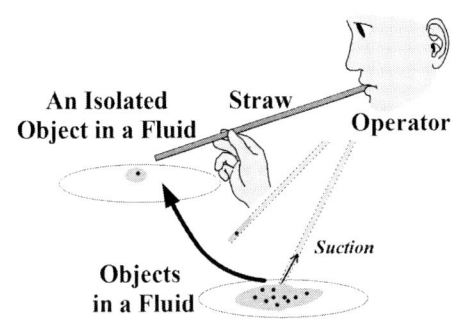

図 5.4 Isolating an object with a straw from numerous objects in a fluid.

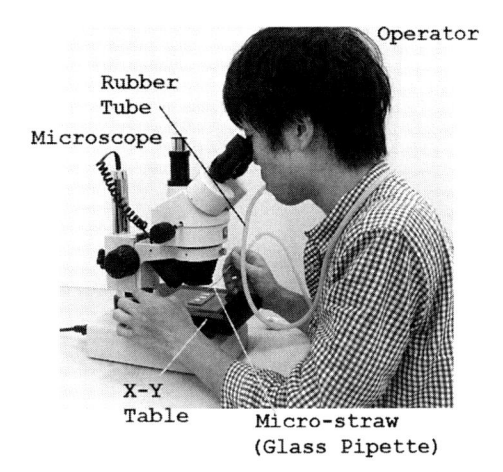

図 5.5 Conventional microorganism isolation task.

とで，その性能を定量的に把握する．

5.3.1 ストローによる単離作業

ストローは，通常，ヒトが液体を飲むときに用いられる便利な道具であるが，その先端で物体を吸い付けて，把持する際にも利用される．さらにストローは，液体の中にあるたくさんの物体から，液体と一緒に吸込みながら 1 つだけ取ってくるときにも利用できる（図 5.4）．実際，藻類の研究などにおいて，微生物の単離は最も基本的な作業の一つであり，ストローを利用している．通常，単離作業は，顕微鏡を覗きながら，右手でゴムチューブに繋がれたガラスピペットを操作しつつ，左手で XY テーブルを操作して，タイミング良くゴムチューブを介してガラスピペットを吸うことによって，微生物をガラスピペット内に誘導する（図 5.5）．初心者の場合，ガラスピペットを顕微鏡の視野内にもっていくことすら困難である．仮に首尾良くガラスピペットの先端を見つけることができたとしても，不適切な動作がほんのわずかであっても，ガラスピペットをベースに誤って接触させ，ガラスピペットを破損する．さらに，ガラス管の径が小さければ 吸込み／吹出しの動作が困難になってくる．

5.3.2 マイクロストローの力学

ストローを用いた物体操作の本質を理解するために，本項ではその力学について考察する．図 5.6 に示すような，断面が円形の先細の管を考える．管の断面の半径 $r(z)$ は，次式で表すことができる．

$$r(z) = \begin{cases} r_{in} & (-l_c \leq z < 0) \\ r_{in} - \dfrac{r_{in} - r_{out}}{l_t} z & (0 \leq z \leq l_t) \end{cases} \qquad (3)$$

第5章 マスタ・スレーブ型マイクロマニピュレーション

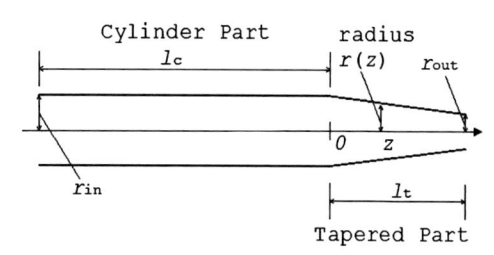

図5.6 Side view of a tapered micro-straw.

ここで，$z \in \mathbb{R}$ は，管軸に沿った位置，r_{in} および r_{out} はそれぞれ管の入口と出口における管の半径，l_c および l_t はそれぞれ円筒部およびテーパ部の管の長さである．

管を流れる非圧縮粘性流体の定常流れに対して，次の Hagen-Poiseuille 方程式が成り立つことが知られている[12]．

$$-\frac{dp(z)}{dz} = \frac{8\mu}{\pi \{r(z)\}^4} Q \tag{4}$$

ここで，$p(z) \in \mathbb{R}$ は位置 z における管断面にかかる圧力，$Q \in \mathbb{R}$ は管内を流れる流体の流量，μ は流体の粘性係数である．

この Hagen-Poiseuille 方程式を z に関して管の全体の長さにわたって積分することで，流量と管の出入口の圧力差との関係を示す次式を得る．

$$p_{\text{in}} - p_{\text{out}} = \left\{ \frac{8\mu l_c}{\pi r_{\text{in}}^4} + \frac{8\mu l_t (r_{\text{in}}^2 + r_{\text{in}} r_{\text{out}} + r_{\text{out}}^2)}{3\pi r_{\text{in}}^3 r_{\text{out}}^3} \right\} Q \tag{5}$$

ここで，$p_{\text{in}} := p(-l_c)$ および $p_{\text{out}} := p(l_t)$ とおいた．上式右辺の波括弧内の第1項および第2項は，それぞれ管の円筒部およびテーパ部における流体抵抗を表している．もし，ストロー先端の開口部が根元と比べて十分に小さい，すなわち，$r_{\text{out}} \ll r_{\text{in}}$ であれば，円筒部の流体抵抗は無視できる．さらに，$(r_{\text{in}}^2 + r_{\text{in}} r_{\text{out}} + r_{\text{out}}^2)/r_{\text{in}}^3 r_{\text{out}}^3$ の部分は，$1/r_{\text{in}} r_{\text{out}}^3$ と近似できる．したがって，次のような簡略化された式を得ることができる．

$$p_{\text{in}} - p_{\text{out}} = \frac{8\mu l_t}{3\pi r_{\text{in}} r_{\text{out}}^3} Q \tag{6}$$

ここで注意すべきことは，管の根元に加える圧力が与えられたとしても，流量が不明であるため，管の先端における圧力を決定することができないことである．実験の結果などから，管先端の圧力と流量は，管の根元に加わる圧力に概ね比例することが分かっている．そこで，管の根元に加わる圧力と流量との間の比例定数を α [m^3/(Pa·s)] とおく．

$$Q = \alpha\, p_{\text{in}} \tag{7}$$

この α は，実験によって同定される値である．このとき，ストロー圧力の入出力関係は，次式で表される．

$$p_{\text{out}} = \left(1 - \frac{8\mu l_{\text{t}}}{3\pi r_{\text{in}} r_{\text{out}}^3}\alpha\right) p_{\text{in}} \tag{8}$$

事実，$r_{\text{in}} = 250\,[\mu\text{m}]$，$r_{\text{out}} = 10\,[\mu\text{m}]$，$l_{\text{t}} = 4\,[\text{mm}]$ のマイクロストローを用いた実験により，流量が管の根元に加えられる圧力に概ね比例することが確認されている．このとき，比例定数 α は，

$$\alpha \approx 5 \times 10^{-13} \tag{9}$$

であった．このように，α が極めて小さな値をとることは，マイクロストローの先端にそれなりの流れを生成することが極めて難しいことを示している．一方，式 (8) より，同じマイクロストローに対して，

$$p_{\text{out}} \approx 0.88\, p_{\text{in}} \tag{10}$$

が成り立つ．この式は，根元に加えられた圧力の 88％ が先端の圧力として伝達されることを示している．しかしながら，マイクロストロー先端の断面積は極めて小さいため，ストロー先端に生成される力も極めて小さい．例えば，15 [kPa] の圧力がマイクロストローの根元に加えられたとする．15 [kPa] は，ヒトが吹くことによって直接生成するのは困難な圧力である．このとき，マイクロストローを流れる空気の流量はわずか $7.5 \times 10^{-9}\,[\text{m}^3/\text{s}]$ (0.0075 [cc/s]) である．さらに，マイクロストロー先端の圧力は 13.2 [kPa] であるが，その先端に生み出される力は僅か 4 [μN] に過ぎない．

5.3.3 ストローのロボット化

前項で示したマイクロストローの力学から，マイクロストロー先端に十分な流れを生み出すために，何らかのロボットデバイスが必要であることが理解できる．そこで，筆者らはロボットストローシステムを開発した[5,7]．開発したロボットストローシステムは，ストロー，流量計，A/D コンバータおよび DIO 付きのプロセッサ，3 ポート電磁弁，減圧弁付きのエアコンプレッサ，真空調整弁付きの真空ポンプ，およびマイクロストローから構成される（図 5.7）．このシステムでは，操作者がストローを介して吸込み／吹出しの操作を行う．流量計は，その吸込み／吹出し操作によって生じるストロー内の空気の流量を検出し，流量および方向の情報を電圧信号として A/D コンバータおよび DIO 付きのプロセッサへそれぞれ出力する．吸込

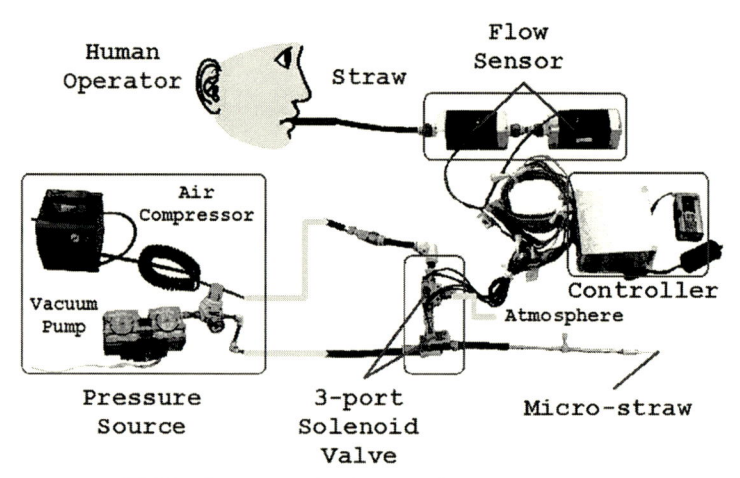

第 5 章 マスタ・スレーブ型マイクロマニピュレーション

図 5.7　System block diagram of the robotic straw.

み／吹出しの両方向の流量を計測するために，2つの流量計を逆向き直列に接続して用いている．プロセッサは，流量計からの情報に基づき電磁弁へ切り替え信号を出力する．電磁弁は，2入力1出力の3ポート電磁弁を2つ直列に繋げることで構成され，3入力1出力となっている．電磁弁の3つの入力口は，それぞれ減圧弁付きエアコンプレッサ，真空調整弁付き真空ポンプ，そして大気圧に繋がる．一方，出力口はマイクロストローに繋がる．電磁弁は，3つの入力のうち，1つのみが開放されるように制御される．開放される入力口を適切に切り替えることで，操作者の吸込み／吹出しに応じてマイクロストロー先端に空気の流れが生じる．制御器は，流量計で検出された流量情報に応じて電磁弁へPWM信号を出力する．電磁弁のPWM制御によって，スレーブ側のマイクロストロー先端に生じる流量の連続的変化が可能となる．つまり，操作者の吸込み／吹出しの流量に従って，マイクロストロー先端に生じる流量を調整することができる．

5.3.4　システム機能の定式化

ロボットストローシステムにおいて，操作者によってストローを介して生成された空気の流れは，流量計によって計測される．流量計を流れる流量を Q_m，出力電圧を V とすると，流量計の特性は，次式で近似できる．

$$V = \begin{cases} kQ_m - \bar{V} & (Q_m < 0) \\ kQ_m + \bar{V} & (0 \leq Q_m) \end{cases} \tag{11}$$

ここで，k はセンサの線形特性を表す正の定数，$\bar{V}$ はノイズ除去のために設けられたオフセット電圧に相当する正の定数である．実際に用いた流量計では，$k = 4.8 \times 10^3$ [Vs/m^3] および $\bar{V} = 1$ [V] であった．

各電磁弁は開閉の 2 値しかとらないが，パルス幅変調（Pulse Width Modulation：PWM）制御することによって，操作者が生成した空気の流れに応じた流れを，マイクロストロー先端に生み出すことができる．電磁弁の PWM 制御器のデューティ比（電磁弁の 1 周期あたりの開閉時間の比）d は流量計の出力電圧 V にしたがって，次式のように定める．

$$d(V) = \begin{cases} -1 & (V \leq -V_{\max}) \\ -\dfrac{(V - V_{\min})}{V_{\max} - V_{\min}} & (-V_{\max} \leq V < -V_{\min}) \\ 0 & (-V_{\min} \leq V < V_{\min}) \\ \dfrac{(V - V_{\min})}{V_{\max} - V_{\min}} & (V_{\min} \leq V < V_{\max}) \\ 1 & (V_{\max} \leq V) \end{cases} \tag{12}$$

ここで，$V_{\min}$ ($\geq \overline{V}$) および $V_{\max}$ は，PWM 制御器の設計パラメータである正の定数である．この PWM 制御器に対する制御則は，飽和と不感帯を考慮している．実際に用いた制御器では，$V_{\min}$ と $V_{\max}$ はそれぞれ 1.2 [V] と 1.8 [V] に設定した．なお，PWM 周波数は 32.3 [Hz] とした．

ここで，マイクロストロー根元に加わる圧力が PWM 制御器のデューティ比に比例すると仮定する．すなわち，次式を仮定する．

$$p_{\mathrm{in}} = d(V)\, p_{\mathrm{s}} \tag{13}$$

ここで，p_s は固定圧力源の圧力である．実験では，コンプレッサから生成される 90 [kPa] および真空ポンプから生成される -90 [kPa] の一定圧を用いた．

さらに，β [m³/(Pa·s)] を操作者がストローを吹くことによって生成される圧力 p_m と，その結果として得られる流量 Q_m との間の比例定数とする．

$$Q_m = \beta\, p_m \tag{14}$$

この β も，実験により同定される値である．実際に計測してみると，直径 4 [mm] の通常のストローを使ったとき，Q_m が 0.3×10^{-3} [m³/s] より小さいところでは，圧力 p_m と流量 Q_m との間はほぼ比例しており，比例定数は次の通りであった．

$$\beta \approx 3.3 \times 10^{-7} \tag{15}$$

以上の関係式をまとめると，操作者がストローを吹くことによって生成される圧力 p_m と，マイクロストロー根元に加えられる圧力 p_{in} との間の関係は，次のように記述することができる．

第 5 章　マスタ・スレーブ型マイクロマニピュレーション

$$p_{\text{in}} = \begin{cases} -p_s & (p_m \leq -\frac{V_{\max}-\bar{V}}{k\beta}) \\ -\dfrac{k\beta p_m - (V_{\min}-\bar{V})}{V_{\max}-V_{\min}} & (-\frac{V_{\max}-\bar{V}}{k\beta} \leq p_m < -\frac{V_{\min}-\bar{V}}{k\beta}) \\ 0 & (-\frac{V_{\min}-\bar{V}}{k\beta} \leq p_m < \frac{V_{\min}-\bar{V}}{k\beta}) \\ \dfrac{k\beta p_m - (V_{\min}-\bar{V})}{V_{\max}-V_{\min}} & (\frac{V_{\min}-\bar{V}}{k\beta} \leq p_m < \frac{V_{\max}-\bar{V}}{k\beta}) \\ p_s & (\frac{V_{\max}-\bar{V}}{k\beta} \leq p_m) \end{cases}$$

例えば，操作者が，ヒトが生成するのに無理のない p_m = 0.5 [kPa] の圧力でストローを吹いたとする．このとき，マイクロストロー根元に加わる圧力は p_{in} = 90 [kPa] で，マイクロストロー先端に伝わる圧力および生成される流量は p_{out} = 79.2 [kPa] および Q_m = 1.67 × 10^{-4} [m^3/s]（167 [cc/s]）となる．ここで，0.5 [kPa] という値はヒトが軽く吹いて生成することのできる圧力であることに注意されたい．この場合，結果として得られるマイクロストロー先端における流量は 5 × 10^{-8} [m^3/s]（0.05 [cc/s]）であり，マイクロストロー先端に生成される押す力は約 25 [μN] である．さらに，ヒトが生成した圧力と，マイクロストローの根元に加わる増幅された圧力を比較すると

$$p_{\text{in}} \approx 180\, p_m \tag{16}$$

であり，ロボティックストローによって，180 倍の圧力増幅が達成されていることが分かる．もちろん，もっと強力な圧力源を用いれば，もっと大きな増幅利得を得ることも可能である．

5.4　微生物単離作業

　本節では，ロボットストローの有用性を示す検証実験について説明する．作業は代表的なバイオ操作の 1 つである，微生物の単離である．5.4.1 項で実験方法を説明した上で，5.4.2 項で作業の顕微鏡写真を用いて実験結果を示す．

5.4.1　実験方法

　検証に用いた実験装置は，5.3 節で説明したロボットストローを 5.2 節で説明したマイクロマニピュレーションシステムに実装したシステムである（図 5.8）．このシステムでは，ロボットストローにおけるマイクロストローが，マイクロマニピュレーションにおける操作ツールとして片方のスレーブに固定される．実験で使用したマイクロストローは，5.3 節で現れたマイクロストローと同じもので，先端内半径が 10 [μm] のガラスピペットである．また，操作物

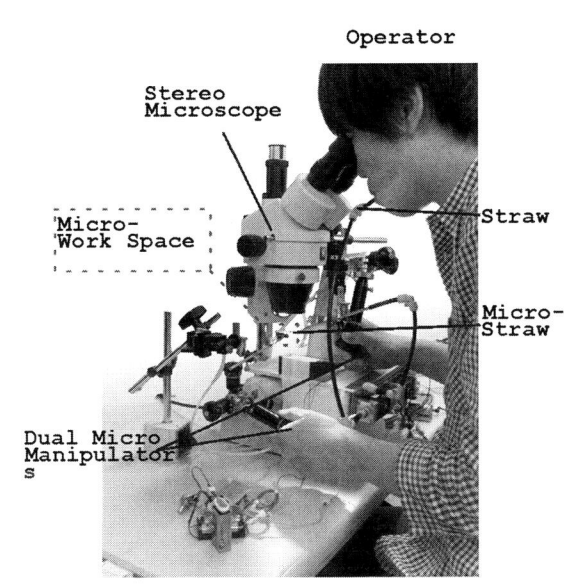

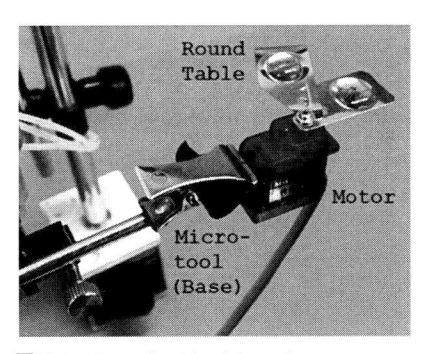

図 5.8　Robotic straw with the improved micro-manipulation system.

図 5.9　Round table driven by a motor at the base tool.

体を操作するための作業台を素早く切り替えることができるように，モータ駆動の回転テーブルがベースツールに固定されている（図 5.9）．ベースツール上の作業台に，多数の微生物を含んだサンプル液が配置され，操作者は両手でジョイスティックを動かし，それと同時に，口でストローに対して吸込み／吐出しを行うことで，実験装置を操作して，微生物の 1 つを単離する作業を行う．操作者は 1 名で，従来の微生物単離作業の熟練者ではない．

5.4.2　実験結果

　図 5.10 は，微生物単離作業を行っている際の一連の顕微鏡写真である．図 5.10（a）において，マイクロストローの先端は，微生物が多数含まれている水の中に位置している．マイクロストロー先端の少し上のところに，小さな白い点が見えるが，これが遊泳する微生物であり，その大きさは 10 [μm] 程度である．すなわち，ちょうど微生物の一つがマイクロストロー先端の前方近くを泳いでいる状態である．マイクロストロー先端から微生物までの距離はおよそ 60 [μm] である．図 5.11 は 2 枚の拡大写真を含んでいる．図 5.11 の左の写真は，図 5.10（a）において点線の四角で囲まれた領域の拡大写真である．図において，微生物は点線の丸で示されている．この時刻において，操作者はストローに対する吸込み動作を開始した．この吸込み動作から約 0.25 秒の様子を示した写真が，図 5.11 の右図である．この図において，マイクロストロー内部の入口付近に白い影が映っているのを確認することができる．これは，操作者の吸込み動作によって，マイクロストローの外にいた微生物が，瞬時にマイクロストロー内部に捕獲されたことを意味している．この後，マイクロマニピュレーションの操作によって，マイ

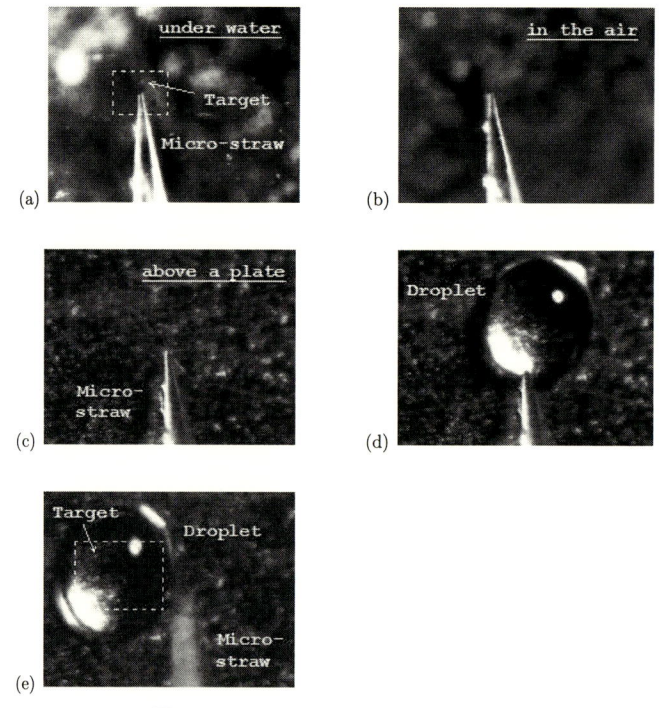

第 5 章 マスタ・スレーブ型マイクロマニピュレーション

図 5.10 Isolating a microorganism.

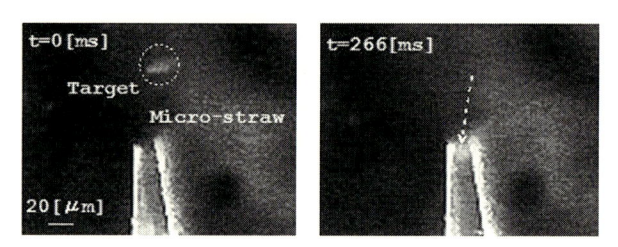

図 5.11 Capturing a moving microorganism by suction with a micro-straw.

クロストローは水中から引き上げられ，図 5.10 (b) において，マイクロストローは空中に位置している．ここで，回転テーブルを動かしてベース上の作業台を切り替える．図 5.10 (c) において，マイクロストローはベースツール上の回転テーブルに固定された金属プレートの上方に位置している．この直後，操作者はストローに対する吹出し動作を行った．この結果，マイクロストロー内の捕獲した微生物を含む水が押し出され，図 5.10 (d) に示すように，プレート上に直径約 500 [μm] ほどの水滴が形成されている．図 5.10 (e) において，再びマイクロマニピュレーションの操作によって，マイクロストローは水滴から引き上げられ，水滴よりも上方に位置している．このため，マイクロストローは顕微鏡の焦点から外れ，ぼやけた像となっている．図 5.12 は一連の拡大写真である．図 5.12 左上 (t = 0 [ms]) の写真は，図 5.10 (e) において点線の四角で囲まれた領域の拡大写真である．先程同様，この図において

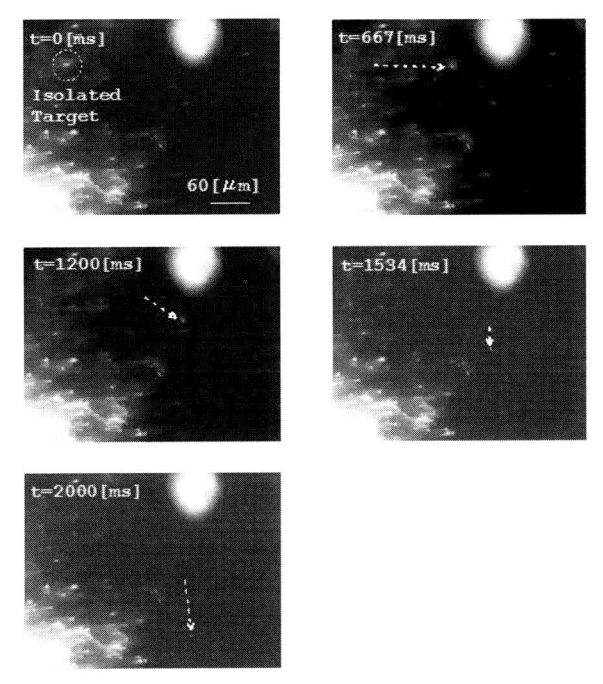

図 5.12 The isolated microorganism moving in a droplet.

捕獲された微生物が点線の丸で示されている．これ以降の図に写真において，捕獲された微生物の動きが，点線矢印によって示されている．これらの図から，単離された微生物が水滴の中を約 100 [μm/s] で動き回っていることを確認することができる．このことは，微生物の単離作業が成功したことを示している．前節で述べた通り，このタスクを実際に実行した操作者は，従来の微生物単離作業の熟練者ではない．すなわち，ロボットストローを備えたマイクロマニピュレーションシステムによって，単離作業を長期の訓練なしに実現することができており，これはシステムの有効性を示している．

なお，実際のロボットストロー付きマイクロマニピュレーションシステムでは，操作者の吸込み／吹出しによって生じる音をコンデンサマイクで検出し，その信号に基づいて5.2.3項で示したボイスコイルモータを駆動する疑似触覚フィードバックを施しており，操作の臨場感を高める工夫をしている．この触覚フィードバックに対する詳細については，文献[7]を参照されたい．

5.5 おわりに

本稿では，現在でも広く使用されているマイクロマニピュレーションシステムを基礎に置きつつ，器用なマイクロ作業を実現するためのロボットストローを紹介した．このロボットスト

ローは，従来のマイクロマイクロマニピュレーションシステムに取り付けることで，操作者に新しい自由度を与えることができる．ロボットストローは十分な圧力増幅がなされているため，操作者は吸込み／吹出しの動作によって，作業ツールであるマイクロストローの先端に無理なく流れを生み出すことができる．このロボットストロー付きのマイクロマニピュレーションシステムにより，微生物の単離作業を行い，微生物単離作業に熟練していない操作者が，本システムを利用することで，長時間の訓練なしで，作業を首尾よく達成できることを実験により示した．もちろん，ここで紹介したシステムは，他のバイオマニピュレーションタスクにも有効であると考えられる．多種多様なバイオマニピュレーションタスクに対する実証を行うことが，今後の重要なミッションである．

〈参考文献〉
1) M. Botvnick et al., *Nature*, **391**, 756（1998）
2) D. A. Lawrence, IEEE Transactions on Robotics and Automation, **9**(5), 624-637（1993）
3) H. Mochiyama et al., CD-ROM of World Haptics Conference 2007, A20（1/6）（2007）
4) H. Mochiyama et al., Proc.of the 18th IEEE International Symposium on Robot and Human Interactive Communication（Ro-man2009），466-471（2009）
5) H. Mochiyama et al., Proc.of the 2009 International Symposium on MicroNanoMechatronics and Human Science（MHS2009），332-337（2009）
6) G. J. Raju et al., Proc. of the 1989 IEEE International Conference on Robotics and Automation, 1317-1321（1989）
7) Y. Shirato et al., Proc.of the First IFToMM Asian Conference on Mechanism and Machine Science（2010）
8) T. Tanikawa et al., IEEE Transactions on Robotics and Automation, **15**(1), 152-162（1999）
9) 川上大貴ほか，第28回日本ロボット学会学術講演会，RSJ2010AC3M1-3（1/4）（2010）
10) 小林尚登ほか，ロボット制御の実際，コロナ社（1997）
11) 工藤謙一ほか，哺乳卵子動物学会誌，**7**(1)，7-12（1990）
12) 日野幹雄，流体力学，朝倉書店（1992）
13) 横小路泰義，日本ロボット学会誌，**11**(6)，794-802（1993）
14) 細胞分離・操作技術の最前線（福田敏男，新井史人監修），シーエムシー出版（2008）
15) ［特集］マルチスケール操作によるシステム細胞工学，日本ロボット学会誌，**25**(2)（2007）

第6章
高出力テラヘルツ光源を用いた
新しい分光法・イメージング手法

田中耕一郎　(Koichiro Tanaka)
京都大学　物質―細胞統合システム拠点　教授

6.1　はじめに

　テラヘルツ領域とはおよそ 300 GHz から 10 THz の周波数領域のことを指し,エネルギーに換算すると数 meV～数十 meV に対応する.この周波数帯域には,分子の回転スペクトル,巨大分子の振動モード,強誘電体等のソフトモード,超伝導ギャップ,半導体中の励起子の束縛エネルギーなどといった数々の励起モードが存在し,物性の観点からみると大変魅力的な周波数帯域である.室温 300 K の熱揺らぎが約 6 THz の振動エネルギーに相当することから,様々な材料の中でも,生体分子のテラヘルツ領域のダイナミクスは,生体機能と関連して強い関心が持たれている.特に,生体機能が発現される水溶液環境下での生体分子のテラヘルツ領域の励起状態の解明は大変重要な課題となっている[1].

　テラヘルツ領域の励起を観測するための分光手段として,ラマン散乱,ハイパーラマン散乱,ブリルアン散乱などの非弾性光散乱実験がある.一般に光散乱実験は,周波数(波長)の確定した光を測定試料に入射した際に観測される散乱光の周波数変化を測定するものである.周波数変化から,直接試料のもつ励起状態のエネルギーを決定できる.非弾性散乱光の強度は,一般的に弱いために必要な S/N を得るためにはある程度強い励起光を用いなければならない.生体分子のような繊細で壊れやすい試料に対しては,破壊的な測定となることをさけるために,弱い光で励起し,長時間積算が必要である.他の実験手法として,熱中性子を用いた非弾性散乱実験がある.ブリルアンゾーン中心近傍の小さい波数の励起に限定される光散乱と異なり,中性子散乱はド・ブロイ波長を変えることで,さまざまな波数の中性子が用意できる.したがって,ブリルアンゾーンの全域にわたって物質の分散曲線を決定できる.中性子散乱は,X 線散乱とは異なり,水素のような比較的小さい質量数(もしくは電子数)をもつ原子

を観測することができるので，タンパク質などの生体関連分子の低周波数振動を解明するには最適である．しかし，測定には長時間の積算が必要なため，ダイナミックに変化していく材料や化学反応を追跡するような目的には適していない．また，中性子散乱は，装置が大掛かりで試料も大量に必要であるなど，材料開発や分析などのように多くの測定を頻繁に行わなければならない測定には不向きである．

テラヘルツ（遠赤外）分光はどうだろうか．次節で詳しく述べるテラヘルツ時間領域分光法（time-domain spectroscopy, THz-TDS）の開拓によって，急速に様々な材料のテラヘルツに対する吸収係数や反射係数が測定されてきている．これらは，データベースとしても整備され公開されている[2]．特に，生体関連分子の結晶に関しては様々な研究が行われ，アミノ酸や糖類の結晶においては多くの分子間振動モードが存在することが明らかにされてきた．これらの情報を用いた分光イメージングや薬品検査といったアプリケーションは実用化レベルに到達しようとしている．

しかし，水溶液にTHz-TDSを適用しようとすると，たちまち問題に突き当たる．水の吸収係数は1 THzで200 cm^{-1}程度なので，100 μmの厚さの水が存在すると，もはやテラヘルツ光は透過できない．加えて，アミノ酸や糖類を水に溶かして水溶液にすると，ほとんどの場合において，固体において特徴的であった吸収ピークが消失する．これは，吸収ピークが分子間振動モードによるものであることに起因している[3]．しかし，よく水溶液のスペクトルを眺めてみると，水のスペクトルから系統的に変化している部分があることがわかってきた[4-7]．水和現象や水の集団運動の変化が寄与している可能性が高い．本稿では，水および水溶液のテラヘルツ分光に適した手法である全反射分光の概略を述べ，その手法によってわかってきた水溶液のテラヘルツ光に対する応答について詳細に述べる．

6.2 全反射分光法の開拓

6.2.1 テラヘルツ時間領域分光の概略

テラヘルツ時間領域分光（THz-TDS）は，パルステラヘルツ電磁波を試料に入射させ，試料を透過または反射させた後の電場の時間変化を測定し，フーリエ変換によってテラヘルツ領域の電場の振幅強度と位相の周波数成分を得るという分光法である．以下では，図6.1のような透過配置での測定を例として，概略を説明しよう．

ここで利用するのは，フェムト秒レーザーによって発生させたモノサイクルテラヘルツ光である．発生，検出法については他の教科書[8]に詳しく述べられているのでここでは省く．いずれにしても重要なのは，サンプルを透過した後の電場の実時間応答 $E(t)$ が測定できることである．(1)，(2)式のように $E(t)$ をフーリエ変換することにより透過後の電場スペクトル $E(\omega)$ および位相スペクトル $\phi(\omega)$ が得られる．

6.2 全反射分光法の開拓

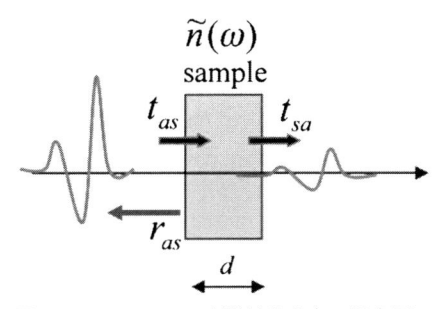

図6.1 テラヘルツ時間領域分光の概念図.

$$\tilde{E}(\omega) = \frac{1}{2\pi} \int_{-\infty}^{\infty} E(t) e^{i\omega t} dt \tag{1}$$

$$E(\omega) = |\tilde{E}(\omega)|$$
$$\phi(\omega) = \arg(\tilde{E}(\omega)) \tag{2}$$

試料がない場合とある場合の光電場をそれぞれ $E_{ref}(\omega)$, $E_{sample}(\omega)$, 位相をそれぞれ, $\phi_{ref}(\omega)$, $\phi_{sample}(\omega)$ とおくと, 透過率 $T(\omega)$ および位相差 $\Delta\phi(\omega)$ が次のように求められる.

$$T(\omega) = \left| \frac{E_{sample}(\omega)}{E_{ref}(\omega)} \right|^2$$
$$\Delta\phi(\omega) = \phi_{sample}(\omega) - \phi_{ref}(\omega) \tag{3}$$

一方, 試料の複素屈折率を $\tilde{n} = n + i\kappa$ と書くことにすると, 複素透過率 $\tilde{t}$ は,

$$\tilde{t}(\omega) = t_{as} \cdot t_{sa} \cdot \exp\left\{ i \frac{(\tilde{n}(\omega) - 1) d\omega}{c} \right\}$$
$$\equiv \sqrt{T(\omega)} \exp(i\Delta\phi(\omega)) \tag{4}$$

と書くことができる. ただし, t_{as}, t_{sa} は透過フレネル係数であり, 垂直入射の場合, サンプルの複素屈折率と下記の関係で結ばれている.

$$t_{as} = \frac{2}{\tilde{n}+1} \qquad t_{sa} = \frac{2\tilde{n}}{\tilde{n}+1} \tag{5}$$

これより, $n(\omega)$, $\kappa(\omega)$ は,

$$n(\omega) = \frac{c}{d\omega} \left[\Delta\phi(\omega) + \frac{d\omega}{c} - \arg(t_{as} \cdot t_{sa}) \right] \tag{6}$$

$$\kappa(\omega) = -\frac{c}{2d\omega}\ln\left[\frac{T(\omega)}{|t_{as}\cdot t_{sa}|^2}\right]$$
$$= -\frac{c}{2d\omega}\ln\left[\frac{T(\omega)}{|1-r_{as}^2|^2}\right] \quad (7)$$

から求められる．t_{as}, t_{sa} の中にも $n(\omega)$, $\kappa(\omega)$ が含まれているので，(6)，(7) 式を連立させて解くことにより実験値 $T(\omega)$, $\Delta\phi(\omega)$ から $n(\omega)$, $\kappa(\omega)$ を求めることができる．さらに，複素誘電率 $\tilde{\varepsilon}(\omega) = \varepsilon_1(\omega) + i\varepsilon_2(\omega)$ は $\tilde{\varepsilon} = \tilde{n}^2$ より

$$\varepsilon_1(\omega) = n^2-\kappa^2$$
$$\varepsilon_2(\omega) = 2n\kappa^2 \quad (8)$$

と求まる．ここで時間領域分光の有用性を再び強調しておこう．通常の分光器による透過測定（$T(\omega)$ の測定）では吸収に対応する $\kappa(\omega)$ を直接求めることはできない．それは，(7) 式右辺の ln 項の引数 $T(\omega)/(|1-r_{as}^2|^2)$ に表れている．この項の分母は，テラヘルツ光がサンプル端面での反射により減衰する分の補正となっている．いわゆる反射補正である．したがって，透過測定に加えて反射測定を行わないと，$\kappa(\omega)$ を求めることはできない．それに対して，THz-TDS ではこの反射補正項も含めて実験値から $n(\omega)$, $\kappa(\omega)$ を導出しているので，はじめから正しい $\kappa(\omega)$ が得られる．同様に $n(\omega)$ も仮定なしに求めることができる．このようにして，物質のテラヘルツ光に対する応答を記述する光学定数が精密に得られるのが THz-TDS の大きな特徴である．

6.2.2　全反射テラヘルツ時間領域分光

　吸収が小さい光学的に薄い試料に対しては，6.2.1 項で述べた透過配置の時間領域分光が適用され数多くの成果を上げてきたが，吸収が大きく光学的に厚い試料では透過配置の測定は困難である．特に，水溶液の場合は水の吸収が大きいために透過配置でのタンパク質や DNA といった生体高分子の研究においては，吸収係数が高い溶液中に溶けた分子や巨大分子が対象になることが多く，溶媒による強い吸収や散乱の効果が問題となっている．これらの問題を打破するための手法として全反射減衰分光法（Attenuated Total Reflection spectroscopy, ATR 法）とテラヘルツ時間領域分光を組み合わせた時間領域 ATR（TD-ATR）法が最近開発された[4, 9, 10]．TD-ATR 法は，図 6.2 のようにプリズム底面に臨界角度以上で光を入射し，プリズム底面にしみ出たエバネッセント光と物質を相互作用させ，その結果減少した減衰全反射率（ATR）を観測するものである．エバネッセント光は，プリズム底面に垂直な方向には非伝播光として局在し，また試料表面で大きな電場振幅を持つため，実効的な相互作用長は通常の反射（内部全反射ではない）よりも長くなり，反射率の減少として溶質の情報を観測し易い[11]．また，試料の深さ方向にはエバネッセント光は伝播しないので，粉体試料の測定では拡散反射

6.2 全反射分光法の開拓

$$r_{123}(d,\omega) = \frac{r_{12} + r_{23}(\varepsilon_3)\exp(-2\eta k_0 d)}{1 + r_{12}r_{23}(\varepsilon_3)\exp(-2\eta k_0 d)}$$

$$\eta = \sqrt{\varepsilon_2}\left(\frac{\varepsilon_1}{\varepsilon_2}\sin^2\theta_1 - 1\right)^{\frac{1}{2}}$$

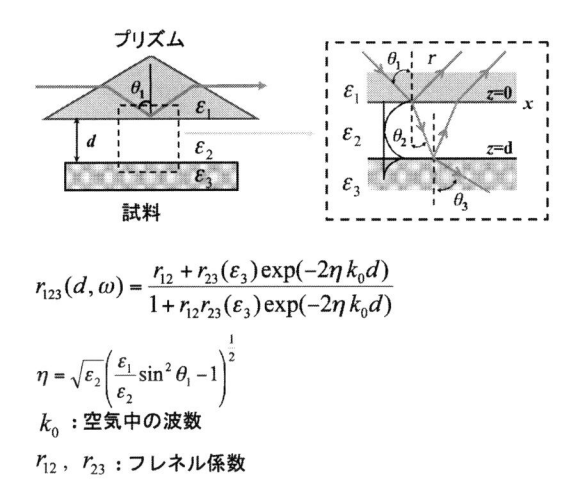

k_0：空気中の波数

r_{12}, r_{23}：フレネル係数

図 6.2 ATR 分光の概念．左：プリズムで THz 波の内部全反射を起こし，プリズムの外部にエバネッセント波（減衰波）を発生させる．エバネッセント波の存在する領域に試料をおくことで，試料の誘電率 ε_3 が計測可能である．右：ATR は電磁気学的には 2 境界の境界問題で記述され，全体の反射係数は図の下に示した r_{123} で与えられる．r_{123} を用いてサンプルの誘電率が決定される．

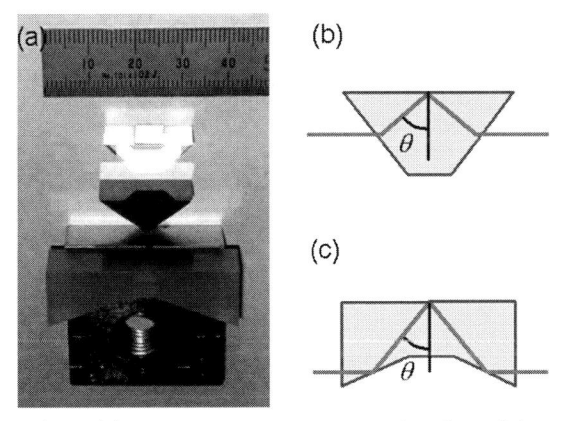

図 6.3 様々な ATR プリズム．(a) 上から MgO, Si, TPX のプリズム，(b) Dove プリズム，(c) 無収差プリズム．

は起こらず，また得られたスペクトルは粒径依存性をほとんど示さない[12]．

図 6.3 に時間領域 ATR 法を行うために作成したプリズムを示す．このプリズムを一般的な透過配置の時間領域分光を装置において，放物面鏡によって THz パルスが絞られた位置（試料装置）に挿入するだけで時間領域 ATR 分光装置が構成される．(a) は，Dove プリズムと呼ばれ，入射光と同軸上に全反射光を出射させるので，光学系の調整が容易である．(c) は，Dove プリズムの色収差の問題のない 3 全反射面を持つプリズムである．材質としては，TPX 製（屈折率 $n = 1.4$），Si 製（$n = 3.4$）と MgO 製（$n = 3.1$）の 3 種類が試みられている．これらの材質は，遠赤外領域で高い透過率を有しているが，Si, MgO は THz 帯での屈折率が高いために比較的大きな屈折率を持つ液体試料の ATR 測定が可能である．MgO は可視光領域

で透明であることから，(b) や (c) のように，プリズム下部の平らな面から試料に可視光を照射しながらの実験も可能である．反射率測定に必要な参照電場 $E_{ref}(\omega)$ のデータは試料をプリズムの近傍から除去することで容易に得られ，フーリエ変換し求めた減衰全反射率 ATR $(d, \omega) = |E_{ATR}(\omega)/E_{ref}(\omega)|^2$ と位相変化 $\Delta\phi(d, \omega) = Arg\ (E_{ATR}(\omega)/E_{ref}(\omega))$ から試料の複素誘電率の導出が可能になる．粉体の測定例を図 6.4 に示す．ATR プリズムの表面にアミノ酸の一種であるアルギニンの粉末結晶をおき，力学的に圧力を加えて表面に密着させたのち，圧力を開放して測定したものである．矢印で示した 1 THz と 2.6 THz 近傍にアルギニンに特徴的な振動共鳴が見られる．このように ATR 法は簡便な材料評価の手法としてテラヘルツ領域でも十分に使用可能である．その他，キャリアドープされた半導体の表面プラズモンモード[10]や表面フォノン[13]，メタマテリアル[14]，水[15,16]やアルコール[7]，水溶液[5,6]の観測にも大活躍している．

6.3 水のテラヘルツ分光

TD-ATR 分光では微量の液体試料をプリズム底面に垂らすだけで測定が可能である．図 6.5 は水の複素誘電率を過去の誘電分光，赤外分光の結果をまとめて示したものである．"This work" と記した線の部分が TD-ATR 分光から得られた結果である．図に示された成

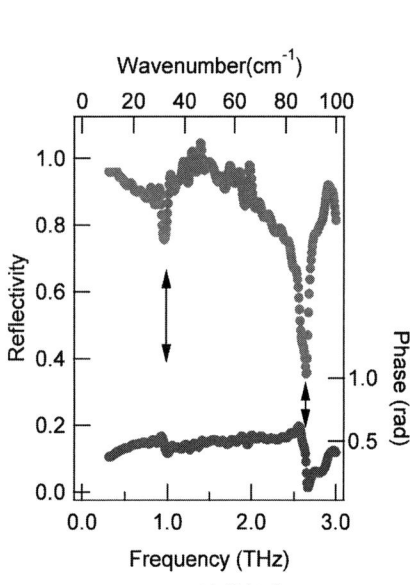

図 6.4 アルギニン結晶粉末の ATR スペクトル（上）と位相スペクトル（下）．

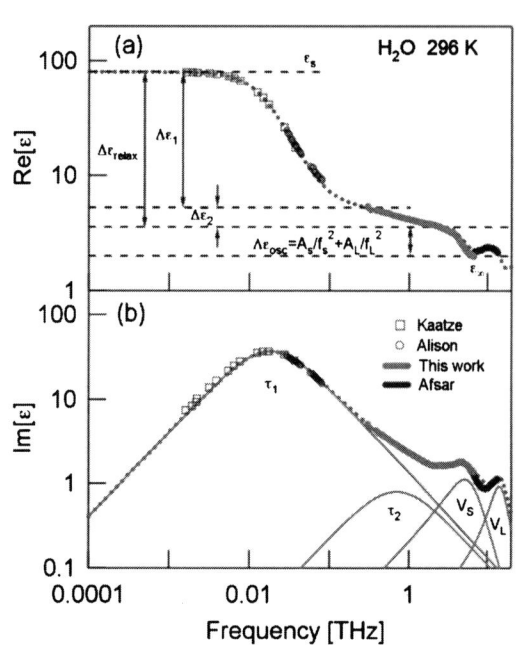

図 6.5 水の誘電率の（a）実部および（b）虚部[16]（図中のデータ等の引用文献は文献 16) を参照のこと）．

分分解から，デバイ緩和モード（τ_1），速い緩和モード（τ_2），集団的な分子間伸縮振動モード（V_S），偏角振動モード（V_L）に分解されることがわかる．光吸収の大きさを反映する誘電率の虚部をみると，1 THz 付近では，デバイ緩和モードが最大の寄与をしており，速い緩和モード（τ_2），集団的な分子間伸縮振動モード（V_S）がそれに続くことがわかる．速い緩和モード（τ_2）の温度依存性を精密に決定したところ，過去の報告とは異なり[17]，緩和時間 τ_2 はほぼ温度依存しないことが明らかになった[15]．これは，臨界緩和の振る舞いを示すことで有名な遅いデバイ緩和モード（τ_1）の温度依存性と大きく異なっている．この違いは，両者の起源が全く異なることを示している．デバイ緩和モードは水素結合した水分子の回転緩和であることから，速い緩和モードは水素結合していない自由な水分子の回転であると考えられる．実際，衝突モデルで緩和時間を常温・常圧の条件で算出してみると，実験結果とよい一致を示した[15]．この自由な水は，水素結合の生成消滅に代表される水の揺らぎによって過渡的に生じたものであると考えられるが，現在のところ，まだ議論は収束していない．

　また，集団的な分子間伸縮振動モード V_S も水を理解する上で欠かせないモードである．図 6.6 の下図（b）は，水同位体 H_2O，D_2O，$H_2^{18}O$ に関する分子間伸縮振動モード（V_S）の感受率の虚部である．図からわかるように，このモードのピーク位置は同位体置換で大きく変化する．分子量が同じ $H_2^{18}O$ と D_2O でピーク位置が異なるのは，この集団的な伸縮振動モードをもたらしている水分子間の力が水素と重水素で異なることを意味している．分子間振動の振動子強度を計算すると，$H_2O > H_2^{18}O > D_2O$ の順序であることがわかった．一方，ラマン散乱の散乱強度の場合[18]はこれと完全に逆であることがわかった．この明らかな反相関は，水

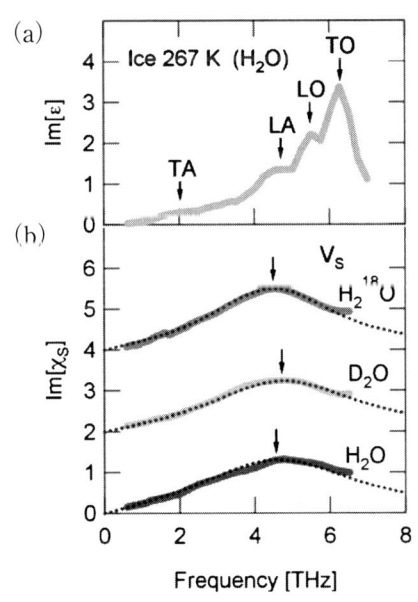

図 6.6 （a）氷の誘電率の虚部および（b）水同位体の分子間伸縮振動の感受率の虚部[16]．

同位体の構造の乱れの大きさが $H_2O > H_2^{18}O > D_2O$ の順序であることを示している．H_2O が D_2O よりも大きな構造乱れを持つことは，X線ラマン分光の結果と一致している[19]．これより分子間伸縮振動モード V_S はランダムな環境を敏感に反映した赤外活性を持つことがわかった．

最後に，図6.6上図（a）の氷の誘電率虚部についてのべる．図6.5（b）の水の誘電率虚部とくらべると，1 THz 以下の値が極端に減っていることがわかる．これは，固体になることで，いわゆるデバイ緩和モードが消失したことを意味している．かわりに，音響フォノンや V_S と同じ起源を持つと考えられる光学フォノンの構造が見えている．この実験事実はテラヘルツ分光が氷結状態のモニターに使える可能性を示している．

6.4　水溶液のテラヘルツ分光

「はじめに」の項で述べたように，水溶液のテラヘルツ分光は様々な問題を抱えているが，水和現象に着目することにより新たな展開が始まっている．ここでは，筆者のグループの研究を紹介することにする．

水和現象はタンパク質や細胞膜の自己組織化した構造の形成・維持において重要な役割を果たしており，生体機能メカニズムの物理的な理解のための鍵となる現象である．従って，これまでも水和状態を正しく評価することが求められ，様々な手法で調べられてきた．水和している水分子は溶質分子との相互作用によって運動が束縛され，回転もしくは併進運動の時間スケールが遅くなる．このことを利用することで熱，粘性，マイクロ波誘電分光などによってその量や性質を調べることができる．しかし，水和数（1分子あたりに水和している水分子数）に関しては，従来の方法では全水和数を決定することが難しかった．そこで水分子のダイナミクスの変化が顕著に表れるテラヘルツ領域の誘電関数を用いて，溶液中での水和状態を定量的に評価する手法を考えだした．

図6.7は，水溶液のテラヘルツ領域における誘電関数から水和状態を評価する方法の原理を模式的に示したものである．図の縦軸は誘電ロスである．GHz領域を含めて低周波側では，様々な緩和時間を持った水和水の誘電緩和によるロスが広い周波数範囲にわたって分布する．さらに溶質由来の緩和成分まで存在し，非常に複雑である．しかし，高周波のTHz領域に注目すると非常に単純で，THz領域ではバルク水の緩和成分しか観測されないため，その緩和強度が減少するだけである．従ってその減少量を評価することで水和水に関する情報を引き出すことができる．しかし，予想される変化は非常に僅かであることから，微小な変化を安定に検出可能なテラヘルツ時間領域全反射減衰法（TD-ATR）を用いて，試料の光学定数を決定する必要がある．また，試料温度の安定性を向上させるために，プリズム全体の温度を一定に保つ特別なATRプリズムを用意した[5, 6, 15, 16]．

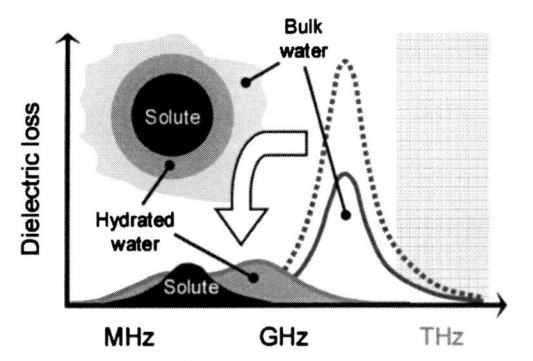

図6.7 水溶液の誘電ロススペクトルの模式図．約20 GHzに中心周波数をもつ誘電ロス（実線）はバルク水の誘電緩和に起因する．水和水分子と溶質分子による誘電ロスも示されている．溶液中のすべての水分子がバルク水だと仮定すると，点線で示されたようなバルク水の誘電ロスが期待される．THz領域における実線と点線の差から，水和水に関する情報を得ることができる[5]．

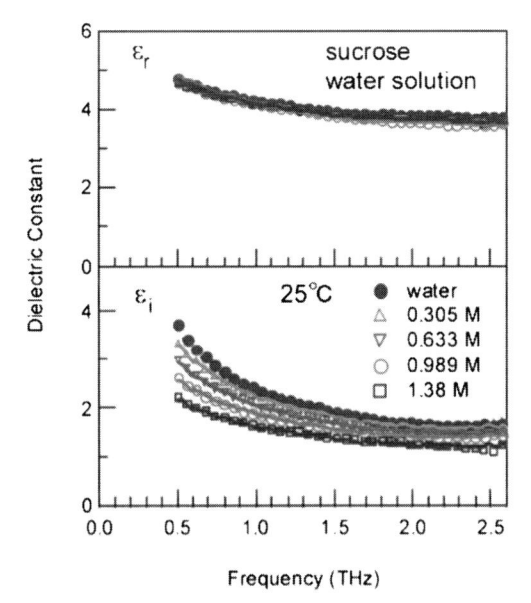

図6.8 スクロース水溶液の複素誘電率の濃度依存性[5]．25℃におけるスクロース水溶液の複素屈折率の温度依存性

　図6.8は，THz領域における水とスクロース水溶液の複素誘電率である（25℃）．上部に示した実部は濃度によって大きな違いはない．これは，水とスクロース結晶の誘電率の実部に大きな違いはないためであると考えられる．一方，吸収を表す虚部は高濃度の水溶液ほど小さい．これは，スクロースの濃度を上げると，強い吸収を持つバルク水の濃度が下がるためだと考えられる．水溶液の複素誘電率から水和状態を表すパラメータを決定するために，水和効果を考慮して，水和状態を表すパラメータを含む形で理論的に水溶液の複素誘電率を記述した．詳細は文献5)に譲るが，局所電場を考慮することで得られる水溶液の理論誘電率を得た．ほとんどのパラメータは他の実験から決定することができ，3つのパラメータだけがフィッティ

第6章 高出力テラヘルツ光源を用いた新しい分光法・イメージング手法

ングで決定すべき値となる.

最小自乗フィッティングの結果得られた水和パラメータをまとめたのが図6.9である.上から,スクロース1分子あたりの水和数(上段),溶質と水和水の有効半径(中段),スクロース1分子の分極率(下段)となっている.これらのパラメータは図6.8における実線で示したように複素誘電率を全ての濃度で非常に良く再現する.スクロースの水和数 n_h は濃度を上げると減少し,その低濃度極限では30を超える値を得た.トレハロースの水和数はスクロースと誤差の範囲内で一致し,やはり濃度を上げると減少する.この水和数は,他の手法で得られたスクロースの水和数と比較すると非常に大きい値になっている.このことから,テラヘルツ分光で求めた水和数は全水和数に近い値になっている可能性が高い.また,水溶液中における平均溶質間距離の考察から,濃度を上げると水和数が減少するのは高濃度水溶液中における水和水のオーバーラップが原因であると考えられる.

分子を球と仮定したときの,水和水の半径 r_h は濃度に依存せずほぼ一定で,$r_h/r_w \sim 0.9$ である(r_w はバルク水分子の半径).また,溶質分子の半径 r_s は,結晶状態の溶質分子の半径 r_c で規格化してあり,その値は $r_s/r_c \sim 1.1$ である.この半径が決める体積は,1分子あたりの有効体積であると解釈でき,分子の運動によって水分子がとりうる体積という意味である.従って,水和水の半径がバルク水の半径より小さいのは,水和水の運動がスローダウンしていると

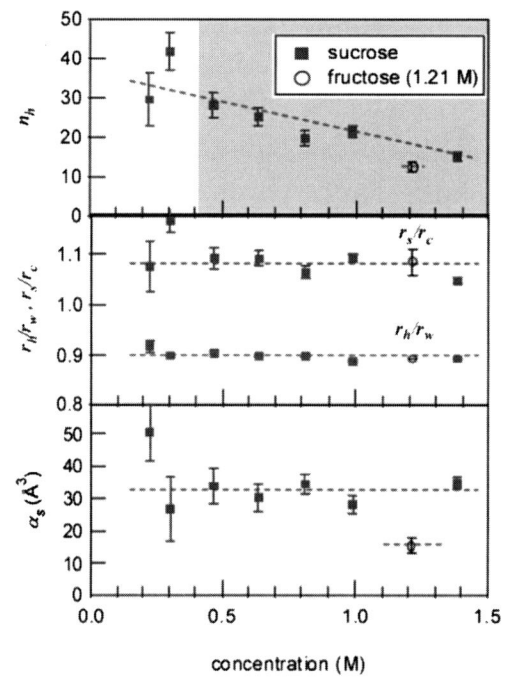

図6.9 スクロースの水和パラメータの濃度依存性.網掛け部分はスクロース水溶液中で水和水のオーバーラップが生じている濃度範囲である.また,1.21 M のデータ点は単糖類のフルクトースの水和パラメータである.破線は単なるガイド線である[5].

いうことを意味している．

　また，溶質分子の半径が結晶中よりも水溶液中のほうが大きいのは，溶液中の方が拡散運動しやすいということを反映していると理解できる．また，スクロースの分子分極率は濃度に依存せず一定値が得られ，その値は他の周波数帯での値と比べることによって妥当な値であると言える．この方法の有効性を示すために，図6.9には1.21 Mのフルクトース水和溶液の水和パラメータも示してある．単糖類のフルクトースの水和数と分極率は，2糖類のスクロースの約半分の値が得られた．また，どちらの水溶液でも共通の水和水に関しては，半径比が2糖類水溶液とほぼ同じ値が得られた．従って，正しく水和状態を評価できていると考えられる．以上により，THz領域の誘電応答を用いた本手法が正しく水和状態を評価できることがわかる．

6.5　おわりに

　水溶液のテラヘルツ分光に適した全反射分光法を紹介し，水の誘電率測定と水溶液の水和状態解析への応用について述べた．水溶液のテラヘルツ分光解析はまだまだ始まったばかりで，様々な問題に直面している．ただし，大きな夢はある．タンパク質やDNAの水和状態の解析を生きている細胞を対象に行えたらどんなにすばらしいだろう．生化学反応中にどのように水和状態が変化するかモニタして，水の果たす役割を理解したい．本稿がこのような夢を持つ方の一助となれば幸いである．

謝辞
　本研究は多くの方との共同研究の成果である．全反射分光の開発には，広理英基博士，永井正也博士，大竹秀幸博士が大きな役割を果たした．水の分光は矢田裕之博士，水溶液の水和状態の解析は有川敬博士が主要な役割を果たした．また，学術振興会の科学研究費（学術創成，課題番号18GS0208）による財政的援助を受けています．ここに感謝いたします．

〈参考文献〉
1) M. Tonouchi, *Nature photonics*, **1**, 97（2007）
2) 例えば理化学研究所データベース（http://www.riken.jp/THzdatabase/）
3) P. U. Jepsen, S. J. Clark, *Chemical Physics Letters*, **442**, 275-280（2007）
4) M. Nagai, H. Yada, T. Arikawa, K. Tanaka, *Int. J. IRMMW*, **27**, 505（2006）
5) T. Arikawa, M. Nagai, K. Tanaka, *Chem. Phys. Lett.*, **457**, 12（2008）
6) T. Arikawa, M. Nagai, K. Tanaka, *Chem. Phys. Lett.*, **477**, 95（2009）
7) U. Møller, D. G. Cooke, K. Tanaka, P. U. Jepsen, *J. Opt. Soc. Am.*, **B 26**, A113（2009）
8) Yun-Shik Lee, 'Principles of Terahertz Science and Technology'（Springer, 2008）
9) H. Hirori, K. Yamashita, M. Nagai, K. Tanaka, *Jpn. J. Appl. Phys.*, **43**, L1287（2004）

10) H. Hirori, M. Nagai, K. Tanaka, *Optics Express*, **13** (26), 10801-10814 (2005)
11) N. J. Harrick, *J. Opt. Soc. Am.*, **55**, 851 (1965)
12) N. J. Harrick, 'Internal Reflection Spectroscopy', Wiley, New York (1967)
13) T. Okada, M. Nagai, K. Tanaka, *OPTICS EXPRESS*, **16**, 5633 (2008)
14) T. Okada, K. Ooi, Y. Nakata, K. Fujita, K. Tanaka, K. Tanaka, *Optics Letters*, **35**, 1719 (2010)
15) H. Yada, M. Nagai, K. Tanaka, *Chem. Phys. Lett.*, **464**, 166 (2008)
16) H. Yada, M. Nagai, K. Tanaka, *Chem. Phys. Lett.*, **473**, 279 (2009)
17) C. Ronne *et al.*, *Phys. Rev. Lett.*, **82**, 2888 (1999)
18) Y. Amo *et al.*, *Physica*, **A 276**, 401 (2000)
19) U. Bergmann *et al.*, *Phys. Rev.*, **B. 76**, 024202 (2007)

第7章
DNA代謝反応の1分子観察とDNA分子の形態制御技術

桂　進司　（Shinji Katsura）
群馬大学　大学院工学研究科　環境プロセス工学専攻　教授

大重真彦　（Masahiko Oshige）
群馬大学　大学院工学研究科　環境プロセス工学専攻　准教授

7.1　はじめに

　最近の分子生物学及びゲノム工学の発展により，個々の遺伝子・タンパク質が個体の形成や多様性にどのような役割を果たしているのかが明らかになりつつある．しかし，従来の分子生物学では数百万個以上の分子の平均的な挙動が得られているだけであり，個々の分子の本当の挙動，そして反応の素過程がどのようなものであるかは必ずしも明らかになっていない．しかし，近年の蛍光標識技術・計測技術の進歩によって直接観察による1分子レベルでのDNA・タンパク質の分子の振舞いを明らかにすることが可能になってきている．この技術を用いて，生体分子1分子を対象とした直接観察及び計測を行うことにより，平均値ではない個々の分子の状況を計測することが可能になることが期待される．とりわけDNA分子を対象とした場合には，1分子レベルでの転写・複製反応の動態の解析などの分野で新しい知見が得られるものと期待される．以下に，1分子での直接観察・測定法の性質やそれにより得られる情報について解説したい．

7.1.1　統計的な平均

　従来の分子生物学の観測の対象である数百万以上の分子の和の分布は統計学の基本的な定理である中心極限定理により正規分布になることが知られている．図7.1は同一の標準偏差を持つが全く性質の違う2つの分布についてそれぞれの分布を複数集めた場合に，集めた分布がどのようになるのかを数値計算により求めたものである．この計算に用いた分布は共に平均値＝4，標準偏差＝2であるが，（A）は2と6のみの値をとりそれぞれの確率が0.5である分布，

第 7 章　DNA 代謝反応の 1 分子観察と DNA 分子の形態制御技術

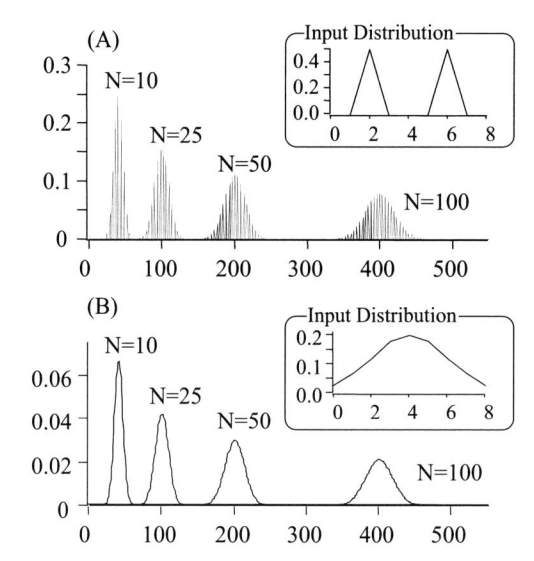

図 7.1　同一の標準偏差を持つ確率分布の和の分布の計算例．各計算結果の右上に元の確率分布を示し，計算結果中に示されている N は和をとった分布の数を示している．

(B) はほぼ正規分布である分布であり，平均値と標準偏差を除けばまったく異なった分布を想定している．この 2 つの計算結果を比較すると明らかなように，たった 100 個の分布を集めただけでも（このことは 100 分子の集団を観察したことに相当する），この 2 つの分布は極めて似た分布を取り，通常の観測ならば観測誤差のために，この 2 つの分布を識別することは困難であると考えられる．このように，たった数百分子の分子集団であっても，集団として解析した場合には素過程のレベルではまったく異なった分布を持つものを観測結果から識別することは不可能であり，平均的な挙動の情報のみが得られることになる．

7.1.2　DNA の形態変動の特徴

　DNA 分子は塩基対が連結されたポリマー構造をとるために，水溶液中で折れ曲がることが可能である．このようなポリマー構造を持つ場合には，エントロピーを増大させるために末端同士が近づき，外力が存在しない状態では長さが 16.5 μm にもおよぶ λ ファージ DNA であってもわずか 1 μm 程度の輝点として観測されてしまい，その局所構造を観測することは不可能である（図 7.5a 参照）．また，DNA の構造はブラウン運動により激しく変動しているために，構造変動が担っている役割を明らかにするためには，各 DNA 分子の構造を制御または観察しながら，様々な生化学反応を解析する必要がある．

　また，X 線結晶回折の結果によると DNA 分子は 10〜10.5 塩基対で 1 回転する右巻きの 2 重らせん構造をとっていることになっているが，実在の環状または両端固定の DNA における回転数は上記理論値になっているとは限らず，その回転数の差が 2 本鎖 DNA に更なるらせん

構造をとらせることになる（超らせん）．DNAに超らせんを導入するにはエネルギーが必要であるが，そのエネルギーは室温における熱エネルギーと同じオーダーであるために，室温においてDNA分子は様々な超らせん状態をとっている．

　以上のようにDNAの形態や超らせん状態は室温において激しく揺らいでおり，多くの分子の平均的な挙動しか得られない多分子の観測系では，その生理学的な意義を実験的に解析することは困難である．そのような分子の揺らぎの生理的な意義を解明するためには，個々のDNA分子の状態を制御しながら，DNA-タンパク質の相互作用を直接観察することができる1分子観測系が求められる．

7.2　DNA分子の選択的な固定化技術と形態制御技術

　前述のように，溶液中のDNA分子はブラウン運動およびエントロピー力により激しく運動し，なおかつ収縮する傾向が知られている．この状態では，DNA分子の長さ，DNA結合因子の結合位置などを観測するのは極めて困難なので，少なくとも観測時にはDNA分子を伸張する必要がある．その手法としては以下に示す（1）誘電泳動法による伸張操作，（2）光ピンセットを用いた伸張操作，（3）末端固定化DNA分子の流れまたは電界による伸張操作，（4）界面移動による伸張操作が知られている．

7.2.1　誘電泳動法による伸張操作

　図7.2に示すように，DNA分子に電界を印加すると，電極と反対極性の電荷がDNA分子に誘導される（静電誘導）．その誘導された電荷にクーロン力が働くので，DNA分子の末端はそれぞれ対向電極に引き寄せられることになり，その結果，DNA分子は電極方向へ伸張さ

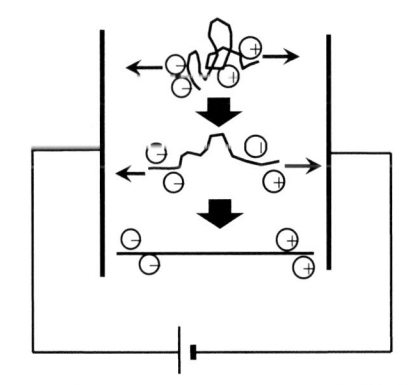

図7.2　誘電泳動によるDNA分子の伸張操作．電界によりDNA分子上に電荷が誘導され，そこに働くクーロン力によりDNA分子が伸張している様子を示している．

第7章 DNA代謝反応の1分子観察とDNA分子の形態制御技術

れる（誘電泳動法）．この際，DNA分子を操作するために直流電界を印加すると，電極において生じる電極反応により泡が発生し，さらにその泡が流れを作り出すことが分子操作の大きな障害となってしまう．しかし，交流電界を印加した場合には，正の半サイクルで生じる反応の逆反応が負の半サイクルで生じることが期待できるので，交流電界を用いることにより電極反応が抑制されると期待される．この誘電泳動法では，電源の極性を逆にしても，DNA分子には同様に逆極性の電荷が誘導されるために，電極反応が抑制可能な周波数1 MHz 電界強度10^6 V/m 程度の電界を印加することによりDNAの伸張操作が可能である．この手法により伸張したDNA分子を対象として，RNAポリメラーゼがDNA分子上を移動している様子がこれまでに観測されている[1]．この手法は多くのDNA分子を効率よく配向させることができるが，配向させるために必要な電界強度が大きいために高塩濃度の溶液では大きな発熱があること，大きな電界強度を実現するために微細電極を加工しなければならないことなどの欠点がある．

7.2.2 光ピンセット法を用いた伸張操作

急激に絞ったレーザービームを微粒子に照射すると，微粒子によりレーザービームが屈折する．光子は運動量を持っているので，屈折の際に微粒子に力を及ぼすことになる．この力により，微粒子の屈折率が媒質の屈折率より大きい場合には微粒子はレーザービームの焦点付近に捕捉されることになる．この性質を用いて微粒子の位置を操作する技術は光ピンセットと呼ばれる．無修飾のランダムコイルのDNA分子を光ピンセットにより操作することはできないが，アビジン—ビオチン結合などを介してDNA分子の末端を微粒子で修飾することにより，微粒子の微小操作を介してDNA分子の形態及び位置の制御が可能になる（図7.3）．この方法はDNA分子の末端の位置を精密に制御することが可能であるので，DNA分子の張力を制御できること，また，DNA分子の全体を一様に伸張させることができるなどの優れた特徴を持っている[2,3]．一方，DNA分子の両末端を微粒子などで修飾する必要があるため，操作時の機械的なストレスによりDNA分子が切断しやすいという欠点を持っている．

7.2.3 末端固定化技術と流れまたは電界による伸張操作

DNA分子の末端を何らかの方法で固定し，自由端を流れまたは電界により伸張する方法である．この際，光ピンセットによりDNA分子の末端を固定化した場合には，DNA分子の位置を自由に操作できるために，反応の開始・停止などの制御を行いながら，DNA分子の伸張・観察が可能になる[4]．一方で，DNA分子をスライドガラス表面に固定化し，マイクロチャンネル中での流れや微細電極により生成した電界によってDNA分子を伸張する方法もよく用いられている（図7.4）．実際にλDNA分子を電界によって伸張結果を図7.5に紹介する．この方法は，比較的多数のDNA分子を視野内に観察することが可能であるため，多くの分子の反

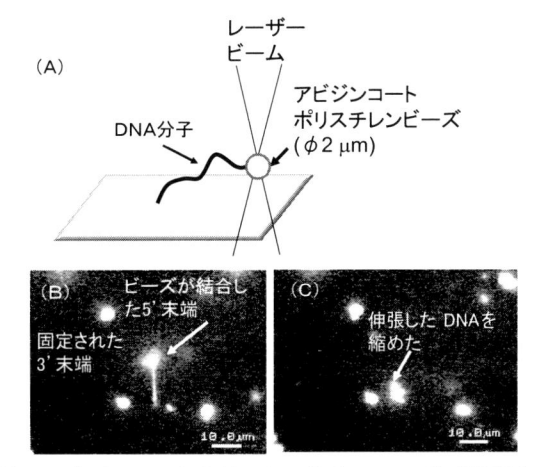

7.2 DNA分子の選択的な固定化技術と形態制御技術

図7.3 光ピンセットを用いた1分子DNAの物理的操作．(A) 光ピンセットによるDNA操作の概念図．(B) 末端のビーズ操作によるDNA伸張操作．(C) 末端のビーズ操作により伸張したDNAの弛緩操作．

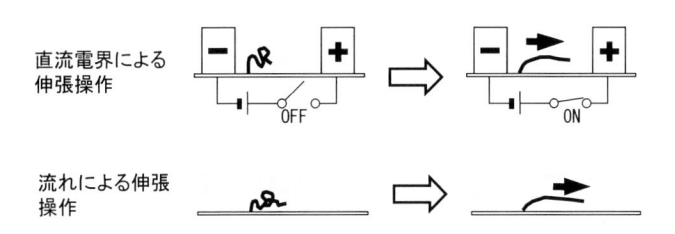

図7.4 末端固定化DNAの伸張操作の概念図．

応を効率よく観察するには有利な方法である．しかし，流れを用いる場合でも電界を用いる場合でも，片末端を固定化して自由端を伸張する方法では，DNAを伸張させる局所的な力は注目している部分から自由末端までの距離に比例することになり，自由末端側の伸張度は固定末端側の伸張度より低いことは留意する必要がある．

7.2.4 界面移動による伸張操作

DNA分子は非常に親水性が高いために，液相（水溶液）と固相または気相の界面にDNA分子が存在すると，水溶液との接触面積を最大にするように振る舞うことが知られている．この状態で固相，液相，気相の3相の界面が移動すると，親水性が高いDNA分子は常に水溶液との接触面積を最大にするように振る舞うために，気相部分が伸張されることになる．この原理を用いた様々な方法が報告されているが，従来の界面移動法[5-10]では，反応後の試料溶液がmL単位で必要であったり，スプレー等を用いてガラス表面にスポットした溶液を吹き飛ばすことにより界面移動させる方法が用いられてきた．これらの方法では，大量の試料調製，調製

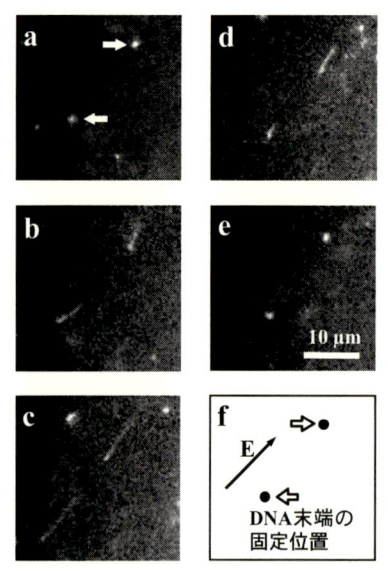

第7章　DNA代謝反応の1分子観察とDNA分子の形態制御技術

図7.5　末端固定化λファージDNAの電界による伸長操作．a）直流電界印加前．b）直流電界（10 V/m）印加1秒後．c) 2秒後．d）印加停止2秒後．e) 3秒後．f) DNAの固定点，電界方向の説明図．

した試料が飛散するため使い切りである点，伸張操作の際に加える力が一定ではなくDNAの伸張にばらつきが生じる点等の問題があった．そこで，筆者らは，数～数百 μL の試料しか得られない生化学反応産物の解析に適用可能な液滴移動法（Moving droplet method）の開発を行った[11]．この方法は図7.6で示すように，試料DNAを含む液滴を斜めにおいたカバーガラスに沿って落下させる方法である．液滴移動法は，数 μL の試料でも十分であり，角度によって液滴の移動速度を調整することが可能であり，さらに，パラフィルムを下に敷くことで貴重な試料の回収も可能にした（図7.6）．

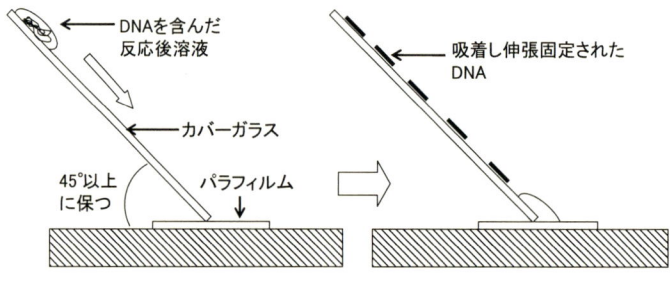

図7.6　液滴移動法によるDNA伸張操作の概念図．

7.3 蛍光標識法

7.3.1 蛍光タンパク質との融合タンパク質

　大腸菌等によるタンパク質発現技術と同様に，目的のタンパク質が蛍光タンパク質との融合タンパク質が発現するように設計する方法である．蛍光タンパク質の分子量は約 30 kDa と大きいものが多い．そのため，不溶性タンパク質になる可能性が高く，蛍光タンパク質の N 末端もしくは C 末端側に入れるかで目的のタンパク質の活性が変化することがあるため，等直接観察可能なタンパク質を手にいれるには十分な条件検討が必要となる．

7.3.2 保護による化学修飾法

　前述の蛍光タンパク質との融合による蛍光標識技術では，目的のタンパク質 1 分子に対して蛍光タンパク質が 1 分子となるため蛍光の強度が足りない等の問題が生じることがある．これらの問題を解決するために，活性を確認した蛍光未修飾タンパク質を用いて，タンパク質の活性部位を保護しつつタンパク質表面を蛍光化合物で修飾する方法が開発されている．DNA 代謝系酵素を観察対象とした場合，酵素と DNA は相互作用がある場合が多い．そのため，酵素の DNA 形態や配列認識能を利用することにより蛍光標識をする方法である．例として 1 本鎖 DNA（ssDNA）結合因子（SSB, RPA）の場合で説明する．磁気ビーズに ssDNA を結合させ，ssDNA 結合因子と混合すると，磁気ビーズ・ssDNA・ssDNA 結合因子の複合体を形成する．この状態は ssDNA 結合因子の ssDNA 結合活性部位は ssDNA によって保護されている（図 7.7）．このような状態で，架橋剤を用いて蛍光標識を行うと活性を失わせずに蛍光タンパク質を得ることが可能となる．

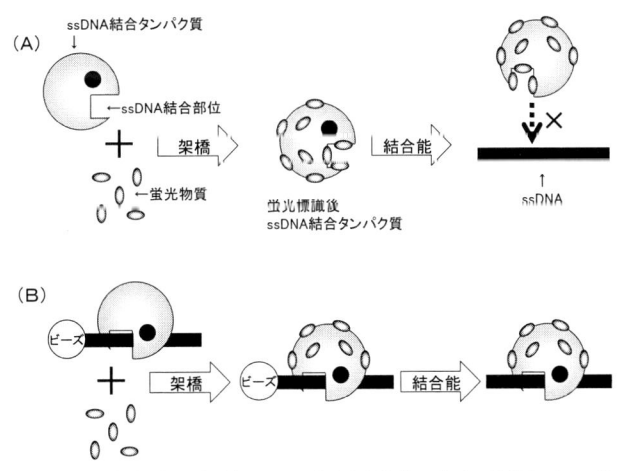

図 7.7　蛍光色素の架橋による蛍光標識法．(A) 保護しない蛍光標識法であると結合活性が失われる．(B) 架橋時に結合部位を保護すると活性が保持される．

第 7 章　DNA 代謝反応の 1 分子観察と DNA 分子の形態制御技術

7.4　DNA 形態が活性に与える影響の解析

　1 分子観察法を用いて，形態が DNA 分解酵素の活性に与える影響について解析したので，紹介したい[12]．前述のように DNA の形態はブラウン運動により激しく変動しているので，形態を制御しない状態では形態が酵素活性に与える影響を評価することは困難である．そこで，本研究では DNA 分子の形態を流れにより制御し，分解酵素を作用させることにより，形態を制御しながら 1 分子 DNA レベルで分解活性を測定している．しかし，伸張しない状態では DNA の長さの解析は不可能なので，DNA 分子の長さの解析の際には DNA の伸張操作を行っている（図 7.8）．この方法により，Exonuclease III による DNA 分解の形態による影響評価を行った結果を図 7.9 に示す．図 7.9 に示すように，Exonuclease III の分解活性は DNA の形態により大きく影響され，伸張状態の DNA 分子のほうが，ランダムコイル状態の DNA 分子より，高い分解活性をもつことが示されている．

　このように，1 分子の形態制御・観察システムにより，DNA の形態により酵素活性が変わることがあることを明瞭に示すことができた．

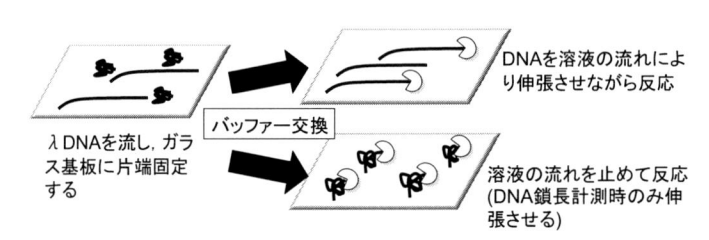

図 7.8　DNA の形態操作を行いながら，DNA 分解速度を観察する方法．

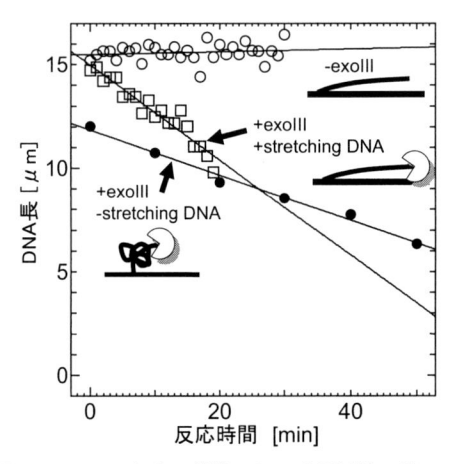

図 7.9　DNA 分子の形態による分解活性の違い．

7.5 結言

　1分子の直接観察は多くの分子の応答の平均ではない個々の分子の応答を解析することが可能な実験系であるので，従来，とらえられなかった分子の揺らぎも解析できる新しい実験系として，発展が求められている．また，揺らぎが激しい生体分子の構造変動による影響も解析可能になると期待できる．

〈参考文献〉
1) H. Kabata *et al.*, *Science*, **262**, 1561-1563（1993）
2) G. J. L. Wulte *et al.*, *Natrure*, **404**, 103-106（2000）
3) Y. Harada *et al.*, *Biophys. J.*, **76**, 709-715（1999）
4) Piero R. Bianco *et al.*, *Nature*, **409**, 374-378（2001）
5) A. Bensimon *et al.*, *Science*, **265**, 2096-2098（1994）
6) J. F. Allemand *et al.*, *Biophys. J.*, **73**, 2064-2070（1997）
7) Z. Deng *et al.*, *Nano Lett.*, **3**, 1545-1548（2003）
8) H. Yokota *et al.*, *Anal. Chem.*, **71**, 4418-4422（1999）
9) J. H. Kim *et al.*, *Langmuir*, **23**, 755-764（2007）
10) J. Zhang *et al.*, *Langmuir*, **21**, 4180-4184（2005）
11) M. Oshige *et al.*, *Anal. Biochem.*, **400**, 145-147（2010）
12) H. Kurita *et al.*, *J. Fluoresc.*, **19**, 33-40（2009）

第 8 章
細胞内環境因子がコントロールするゲノム DNA の高次構造ダイナミクス

秋田谷龍男　（Tatsuo Akitaya）
名城大学　薬学部　准教授

櫨本紀夫　（Norio Hazemoto）
名古屋市立大学　大学院薬学研究科　准教授

牧田直子　（Naoko Makita）
四日市大学　環境情報学部　准教授

8.1　はじめに

　エピジェネティックな遺伝子調節では，ゲノム DNA の広範囲の構造変化が特徴的であり，関連するヒストンなどのタンパク質分子は DNA と塩基配列'非特異的'に相互作用する．DNA とタンパク質との相互作用についてはこれまで精力的に研究されているが，多くの場合，タンパク質が結合する DNA の塩基配列や結合のメカニズムに着目したものであり，必然的に塩基配列'特異的'に DNA と結合するタンパク質が DNA の特定の局所領域，すなわち数キロ塩基対以下の短い DNA に対象を限定した研究が中心であった．一方，DNA との塩基配列非特異的な相互作用については，多価カチオン（陽イオン）が誘起する'DNA 凝縮'が古くから知られ，高分子統計物理学や高分子電解質溶液化学の観点から多くの知見が得られている[1,2]．これらの研究は，光散乱など原理的に DNA の'分子集団の平均値'をシグナルとし観測する方法を一般的に用いるが，平均値は個々の DNA 単分子の構造を正しく反映するものであると暗黙のうちに了解されたまま，長く疑われることがなかった．吉川らは蛍光顕微鏡によって長鎖 DNA 単分子の水溶液中の動的構造を観察することによって，低分子多価カチオンによる DNA 凝縮が DNA 単分子内で On/Off 的に変化する折り畳み転移であり，本質的には分子内一次相転移であることを明らかにした[3-11]．これは，DNA 凝縮は緩慢連続変化である

とする従来の認識とは対照的である．ある種のタンパク質や生体分子が細胞内の'環境因子'として振る舞い，ゲノム DNA と塩基配列非特異的に相互作用することで，ゲノム DNA の大規模な高次構造変化を On/Off 的に引き起こしている可能性があると考えることができ，細胞内の多数遺伝子にわたる On/Off 的な遺伝子発現など[12, 13]を説明する糸口となり得るものとして大変興味深い．筆者らの研究手法の特徴を要約すると以下のようになる．

(1) 持続長*（約 150 塩基対，約 50 nm）よりも十分長い二本鎖 DNA 単一分子の水溶液中での高次構造を観察の対象とする．

(2) 観察の条件は，ペプチドおよびタンパク質によって，長鎖 DNA の単一分子内折り畳み（コンフォメーション変化）を誘起することである．また，ペプチドおよびタンパク質と DNA との相互作用については，塩基配列非特異的な相互作用，"細胞内環境因子"と考えられる程度のやや高い濃度領域での挙動に着目する．

(3) 解析は長鎖 DNA 単一分子の高次構造変化を蛍光顕微鏡像の画像解析による分子鎖の広がり（長軸長*）の計測を主な方法として用いる．

以下の節では，まず鎖長の異なる poly-L-lysine が誘起する長鎖 DNA の高次構造変化を解析することで，相互作用の強さによって変わる折り畳みの様式について述べる（8.2 節（秋田谷））．続いて，DNA 凝縮を原理として包含する遺伝子デリバリーと塩基性ポリペプチドとの関連性を述べ（8.3 節（櫨本）），終わりに環境因子として存在するタンパク質が誘起する長鎖 DNA の高次構造変化について最近得られた知見を紹介する（8.4 節（牧田））．

8.2 DNA との相互作用の強さと DNA 鎖内単分子折り畳みの On/Off 性

折り畳み転移は約 50 nm すなわち約 150 塩基対に相当する持続長よりも十分長い二本鎖 DNA に特徴的に起こる[4]．また，数万塩基対以上の二本鎖 DNA は単分子構造の顕微鏡観察に十分な大きさである．この条件を満たす DNA としてバクテリオファージ T4 のゲノム DNA（165,600 塩基対，全長約 60 μm）を対象として観察を行った．

図 8.1 に poly-L-lysine 共存下および非共存下での水溶液中の T4 DNA 単分子の蛍光顕微鏡像，蛍光強度分布の擬似 3 次元表示および単分子 DNA に対応した模式図を示した．DNA 分子は poly-L-lysine の濃度に依存して，異なるコンフォメーションと分子内および併進ブラウン運動を示した．poly-L-lysine 非共存下（図 8.1A）では，DNA 分子は広がったコンフォメー

---

*持続長（persistent length．保持長とも呼ばれる．）は高分子鎖の固さを表すパラメータで，各高分子に特有の長さである．一様な固さを持つ高分子鎖は，その鎖に沿って s だけ離れた 2 点における単位接線ベクトルの内積の期待値（つまり接線ベクトルの方向相関）が一般的に $\langle \cos\phi(s) \rangle = \exp(-s/l_p)$ と指数関数的に減少する．$\phi(s)$ は 2 つの単位接線ベクトルのなす角，l_p が持続長[21]．

*長軸長（long-axis length）は鎖状高分子の空間的広がりを表す指標である．筆者らは DNA 蛍光像の見かけの長軸の長さを計測している．

8.2 DNAとの相互作用の強さとDNA鎖内単分子折り畳みのOn/Off性

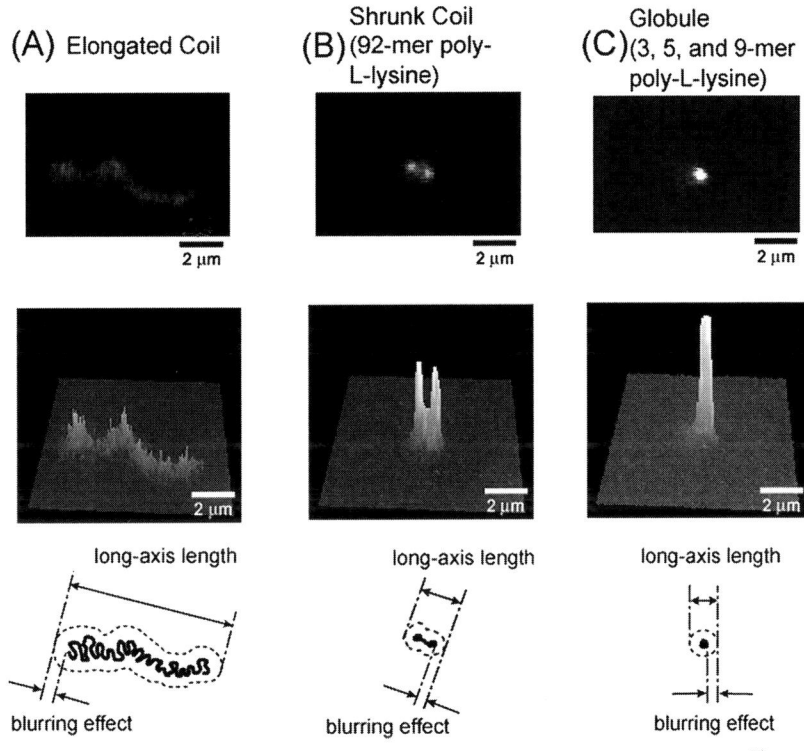

図8.1 poly-L-lysine 共存下における T4 ゲノム DNA 単分子の蛍光顕微鏡像[20]. 上段：蛍光顕微鏡によって観察された（A）poly-L-lysine 非存在下での広がった水溶液中のコイル構造，および（B）電荷比 0.25［アミノ酸／リン酸］において 92 量体 poly-L-lysine に誘起された縮んだ水溶液中のコイル構造，（C）電荷比 1.0×10^6［アミノ酸／リン酸］において 3 量体 poly-L-lysine に誘起された水溶液中のグロビュール構造．中段：（A）（B）（C）各蛍光顕微鏡像の蛍光強度の擬似 3 次元表示．下段：実際の DNA 鎖のコンフォメーションと対応する上段の蛍光イメージとの関係を表す模式図．蛍光のにじみ効果（〜0.3 μm）のため蛍光イメージは実際の DNA 鎖のサイズより大きい[6]．T4 DNA はリン酸基として 0.2 μM（以下，すべての実験で同濃度）．

ションであった．実験に用いたすべての長さの poly-L-lysine について，低濃度では DNA 分子は広がった構造であった．一方，高濃度の poly-L-lysine 共存下では蛍光強度が大きく小さな球状構造（図 8.1C）が多数出現した．これらの広がった構造体と球状の構造体の溶液中でのブラウン運動は大きく異なっていた．広がった DNA 分子は，分子鎖内の顕著な熱運動を示しながら重心は相対的にはゆっくりと移動したが，対照的にコンパクトな DNA は，分子鎖内部の動きは見られず，非常に大きな重心移動を示した．これらの広がった状態は高分子物理学でいうコイル状態，小さくコンパクトな状態はグロビュール状態にそれぞれ対応する[3]．DNA 分子は，3, 5 および 9 量体によっては伸びたコイルとコンパクトなグロビュール状態との間を両者が共存する領域を経て不連続に変化したが，対照的に 92 量体によっては伸びたコイルからコンパクトなグロビュールに変化するまで中間的な大きさの縮んだコイル構造（図 8.1B）

第8章 細胞内環境因子がコントロールするゲノムDNAの高次構造ダイナミクス

を示した.

図8.2は3, 5, 9および92量体のpoly-L-lysineが種々の濃度で共存したときの, T4 DNAの長軸長のヒストグラムを示している. 3, 5および9量体のリシンが共存するとき, 長軸長はpoly-L-lysineが低濃度のときに支配的な伸びたコイル（図8.1A）に対応した約4 μmを中心としたピークと, 高濃度のときに支配的なコンパクトなグロビュール（図8.1C）に対応した1 μm以下の2山のピークをもつ2相性の分布を示した. またこれらの分布には, 9量体poly-L-lysineが共存するとき, ごく少数の中間サイズの広がったDNA分子（j, k）が見られるものの, コイル構造とグロビュール構造の共存領域（b, c, f, g, j）が存在する. これとは対照的に, 92量体のpoly-L-lysineでは単一ピークの分布であり, 分布のピークはDNA分子の長軸長の連続的な変化に対応しながら, poly-L-lysine濃度の変化に伴って, 連続的にシフトした.

図8.3は, 溶液中のDNA単分子の蛍光像の長軸長の平均値を各種poly-L-lysineの濃度に対してプロットしたものである. 3, 5および9量体のリシンでは, DNA分子の長軸長平均値は, 図8.2で見られる共存状態に対応して, それぞれ10^4, 10^2および10^{-1}〜10^0のオーダーの電荷比で, 不連続な転移を示した. 不連続折り畳みを示す領域より低い電荷比で観察されたDNA分子は全てコイル構造（図8.1A）であったのに対し, 不連続折り畳み領域より高い

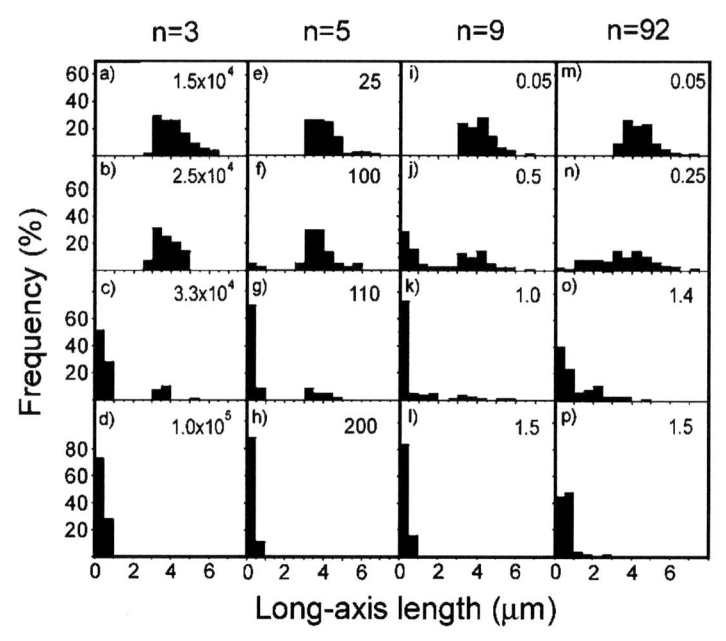

図8.2　直鎖状poly-L-lysineに誘起されたDNA分子の長軸長平均値の分布[20]. 各列の上の数値はpoly-L-lysineのアミノ酸残基数, 各図中の数値はpoly-L-lysineのDNAに対する電荷比［amino acid/phosphate］を示す.

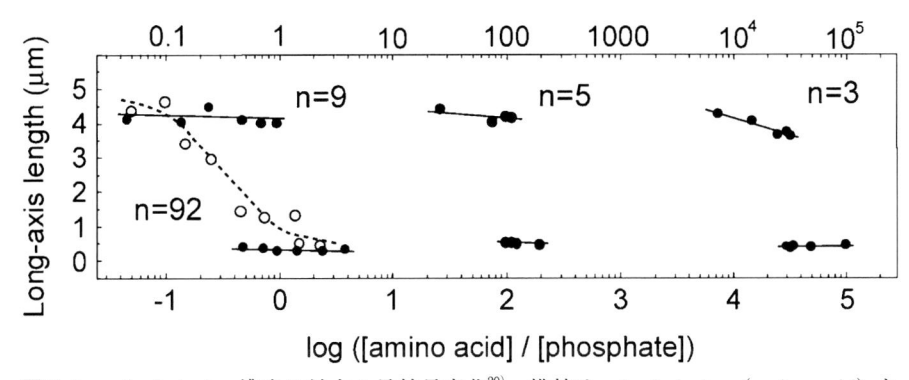

8.2 DNA との相互作用の強さと DNA 鎖内単分子折り畳みの On/Off 性

図 8.3 poly-L-lysine 濃度に対する長軸長変化[20]．横軸は poly-L-lysine（amino acid）と T4 DNA（phosphate）の電荷比を示す．図中の n は poly-L-lysine の残基数を示す．白丸（○）は n = 92，黒丸（●）は n = 3, 5, 9 である．白丸は各実験条件における全 DNA 分子の平均値を示し，黒丸はコイル状態の平均値とグロビュール状態の平均値を別々に示している．

電荷比では，観察された DNA 分子の全てはグロビュール構造（図 8.1C）であった．9 量体の場合は，3 量体や 5 量体で見られた，伸びたコイルとコンパクトなグロビュールとの共存に加えて，少数の中間的な長さのコイルの共存が観察された．一方，3，5 および 9 量体とは対照的に，92 量体（○）は電荷比の増加にともなって長軸長平均値が連続緩慢に減少し，電荷比 [アミノ酸／リン酸] が約 1.0 の付近で減少は完了し，すべての DNA がグロビュール構造となった（図 8.1B）．ほぼ同様のプロファイルが，さらに長い，980 量体の poly-L-lysine でも観察された．興味深いことに，このことは正電荷を持った化合物が DNA のコンパクションを誘起するために要する正電荷と DNA の負電荷との存在比が，長鎖の多価カチオンが使われる場合では 1 または 1 未満であるというよく知られた事実と一致する[10]．92 量体 poly-L-lysine によって生じたグロビュール構造は多分子凝集体を形成し，短鎖のポリアミンに誘起された互いに反発するグロビュールよりも速くガラス表面上に沈殿する傾向が観察された[7]．加えて，92 量体に誘起されたグロビュールは 3，5 および 9 量体に誘起されたコンパクトなグロビュールより大きく，これは 92 量体 poly-L-lysine によって形成されたグロビュールが短鎖の poly-L-lysine により形成されたものよりゆるい構造であることを示している．また，完全にグロビュールを形成するのに必要な poly-L-lysine の濃度すなわち DNA との親和性にも，短鎖（3，5 および 9 量体）と長い 92 量体の poly-L-lysine との間に大きな違いが見られた．結論として，92 量体 poly-L-lysine は DNA と強く相互作用し，連続緩慢変化を生み出すのに対し，3，5 および 9 量体 poly-L-lysine は DNA と弱く相互作用し，高次構造の不連続な，すなわち On/Off 的な変化を誘起することが明らかになった．

図 8.4 は AFM（原子間力顕微鏡）で観察された雲母板上の T4 ゲノム DNA 分子の詳細な形態と，これと同一の DNA 分子の蛍光顕微鏡像を示した．これは原子間力顕微鏡に蛍光顕微鏡を一体化させることで初めて可能になったものである．（A）は 980 量体の poly-L-lysine が電

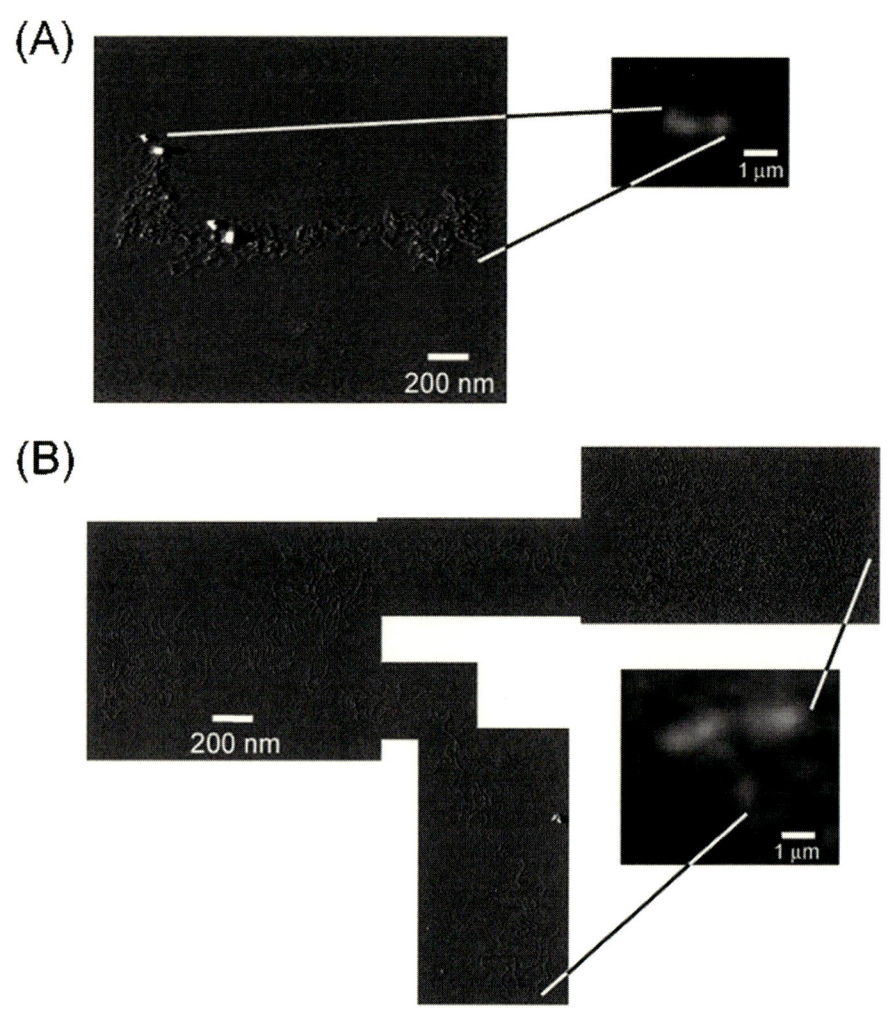

図 8.4 poly-L-lysine 共存下における T4 ゲノム DNA 分子の AFM 像と蛍光顕微鏡像[20].
AFM 像（左）と対応する（同じ分子の）蛍光顕微鏡像（右）．(A) は 980 量体 poly-L-lysine が電荷比 0.2［amino acid/phosphate］で共存したときに観察された中間サイズの縮んだコイル．(B) は poly-L-lysine 非共存下で観察されたときほぐれたコイル．

荷比［アミノ酸／リン酸］2.0 で共存し，(B) は非共存下である．980 量体が共存するとき，(A) に示されるように (B) に示された広がったコイル構造とは対照的な分子内凝縮が蛍光顕微鏡観察よりも高い解像度で観察された．DNA 鎖が互いにランダムに接着し，相対的に凝縮した部分はゆるく固まった構造である．この AFM 像はより解像度が低い蛍光顕微鏡によって低濃度で観察された，中間サイズの縮んだコイル構造（図 8.1B と 8.4B）によく対応しているが，不連続折り畳みで観察される分子内相分離とは顕著に異なっている[10]．

ここで，DNA コンパクションのメカニズムについて考察しよう．図 8.5 は転移を起こす poly-L-lysine の濃度を poly-L-lysine のモノマー数（重合度）の関数として表したものであ

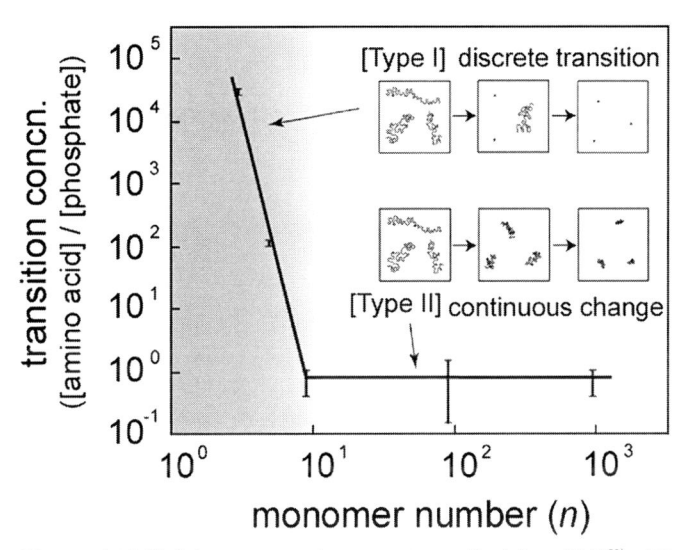

図 8.5 転移濃度と poly-L-lysine のモノマー数（n）の関係[20]．図中のバーは不連続転移でコイルとグロビュールが共存する領域もしくは連続変化で縮んだコイルが観察された領域を示す．

る．モノマー数が 9 より小さい Type I では転移濃度はモノマー数の増加にともない大きさが 1 桁変化するのに対し，モノマー数が 10 以上の Type II ではモノマー数に無関係で一定であり，両者に大きな違いがある．また 3 量体と 5 量体の poly-L-lysine は結合状態より解離状態が支配的な結合平衡を示し，92 量体とは対照的である．Type I のメカニズムに関して，これまで転移はカチオンの結合を第一段階，DNA コンパクションを第二段階とする 2 段階で起きることが知られている[14]．加えて，牧田と吉川が指摘したように[15]，第二段階では共存領域での DNA 鎖はときほぐれた状態とコンパクトな状態および大過剰のカチオンとの間での一種の平衡状態にあり，言い換えればコンパクションの誘起には十分な併進エントロピー利得が必要である．従来の知見では，このようなコンフォメーションの転移は通常不連続である[3-11]．対照的に，長い，すなわち多数の正電荷を持つ poly-L-lysine は比較的強い静電的相互作用で DNA と結合し，結果的に DNA 鎖を互いに接着させる，つまり同じ DNA 鎖内の異なる部位の間の架橋形成を促進する傾向を持つといえる．この場合の凝縮は連続緩慢に起こり，電荷が中和されるまでに完了すると考えられる（図 8.6 下段）．この状況では，poly-L-lysine の添加によって形成されて折り畳まれたグロビュール構造はやや膨潤しており，図 8.6 の確率分布プロファイルに示したように密度が低く，長い poly-L-lysine で観察されたような分子内相分離（図 8.1 中央，図 8.4 上段）の原因となる残留電荷を含んでいる可能性がある．Tang らは長い poly-L-lysine であってもコンパクトなトロイド状の形態を形成し得ることを示したが[16]，筆者らはこの構造の違いは kinetic（速度論的）な経路の違いからくるものだと考えている．Tang らは DNA と poly-L-lysine を繰り返しピペットと Vortex ミキサーで混合し，ある程度

第8章 細胞内環境因子がコントロールするゲノムDNAの高次構造ダイナミクス

静置してから観察しているのに対し，私達はDNAとpoly-L-lysine溶液を穏やかに混合し，その後直ちに観察している．さらに両者では用いたDNAの長さが著しく異なっている．これらのことから，私達が観察した縮んだ構造はkineticな効果に依存したものであろう．以上の考察は図8.6の模式図のようにまとめることができる．

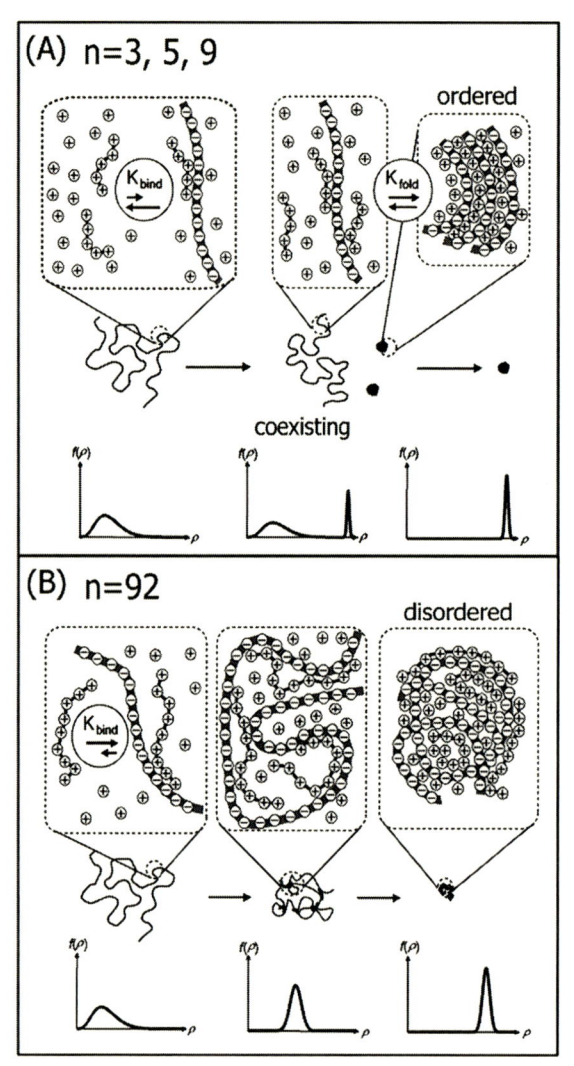

図8.6 短鎖（A）および長鎖（B）のpoly-L-lysineの添加に誘起される2つのタイプのDNAの折り畳みの模式図[20]．K_{bind}はときほぐれたDNA鎖におけるリン酸基へのpoly-L-lysineの結合定数，K_{fold}は，poly-L-lysineの結合様式が急激に変化するところでの，ときほぐれたコイル状態とコンパクトなグロビュール状態との間の平衡定数．各模式図の下段の図は，模式図で示した状態に対応したDNA分子の確率分布を個々のDNA分子の密度（ρ）の関数として表したものである．

DNA のコンフォメーション変化における On/Off スイッチは長鎖の poly-L-lysine との強い相互作用には誘起されず，短鎖の poly-L-lysine との弱く，非特異的な相互作用によって誘起されることが分かった．理論的考察では，DNA 単分子が折り畳まったコンパクトな状態に安定化するプロセスでは，1価と多価のカチオンのイオン交換が重要な役割を担っていることが示されている．1個の多価（3または4価）カチオンと DNA 鎖との結合エネルギーは相対的に小さく～kT オーダーであり，すなわち陽イオンと DNA との相互作用は弱い．このことは，通常の塩基配列特異的ないわゆる"鍵と鍵穴"的な結合が強い相互作用であることとは大きく対照的である[17]．これまでの研究で，約 40,000 塩基対の λ ファージ DNA を鋳型とした転写反応で，鋳型 DNA の塩基配列非特異的な不連続折り畳みに伴い，転写活性が On/Off スイッチされることが in vitro 実験で確かめられている[18, 19]．本節で述べた結果を手がかりに，今後はモデルペプチドからタンパク質へとアプローチを進めることで，遺伝子活性化の On/Off スイッチの起源とその生物学的意義について理解を深めていくことができると考えている．

8.3 塩基性ポリペプチドを用いた遺伝子導入

細胞への DNA 導入法は，遺伝子治療等の分野で重要なテクニックとなっている．ウイルス系ベクターは免疫原性，組換えに伴う病原性などの問題があり，副作用管理が容易で調製が簡便な非ウイルス性ベクターの開発は重要な課題である．非ウイルス性ベクターの素材として，種々の脂質やペプチド，イオン性ポリマー等が使われる．これらのベクターは，究極的には感染能力を持つ人工ウイルスの調製を目指しているとも言える．ポリペプチドについては，レセプターに結合するリガンド，ウイルス表面ペプチド，DNA 結合領域を提供するポリリシンやプロタミン等が用いられる．

この研究では，DNA との相互作用に関し，塩基性ペプチドが持つ特有の性質を理解するために，リシン，アルギニン，オルニチンなど塩基性アミノ酸を含む合成ポリペプチドの遺伝子発現能力を調べた．アルギニン，オルニチンにより構成されるポリペプチドには高い発現能力が見られる一方，リシンから成るポリペプチドではほとんど見られなかった．更に，ペプチドの分子量の違いによって遺伝子発現能力が大きく変化することが明らかになった．また，DNA との濃度比の影響が大きく，遺伝子発現能力にはポリペプチドと DNA によって形成される複合体の性質が大きく影響していると推察された．前の節で述べられたように，DNA とペプチドの相互作用の結果もたらされる DNA 複合体のかたちや性質が，細胞導入と引き続く遺伝子発現にどのように影響するか注目される．

はじめに，合成ポリペプチドのアミノ酸組成が，遺伝子導入活性に及ぼす影響を調べた．平均分子量5万前後の合成ポリペプチドによる遺伝子発現量を図 8.7 に示す．poly(L-arginine) が最も効率的な遺伝子発現を示し，poly(L-ornichine, L-leucine) と poly(L-ornichine) にお

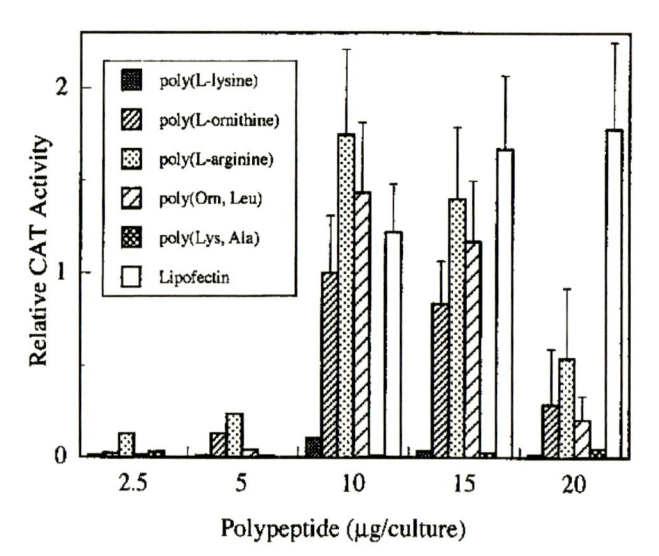

第8章 細胞内環境因子がコントロールするゲノム DNA の高次構造ダイナミクス

図8.7 異なるアミノ酸組成を持つポリペプチドを用いた遺伝子発現の比較[22]. HeLaS3 細胞に pSV2cat (4 μg) と種々の濃度のポリペプチド溶液が添加された. 細胞は2日後に採取され CAT 活性が測定された. 10 μg/culture (1.2 ml) の poly(L-ornichine) での活性を1単位として表した.

いても高い発現が見られた. 一方, poly(L-lysine) や poly(L-lysine, L-alanine) では, 遺伝子発現は殆ど見られなかった. このように同じ塩基性アミノ酸からなるポリペプチドでも, 構成する塩基性アミノ酸の種類により遺伝子導入効率に違いがあった. L-leucine など疎水性アミノ酸を含むペプチドでも高い活性を示した. poly(L-lysine) については遺伝子導入能力が弱く, 細胞内での動態等が他と異なると予想された. ホモポリマーに比べて, 電荷密度の低い poly(L-ornichine, L-leucine) では毒性が弱く, 導入効率は高かった. 中性のアミノ酸の存在が細胞障害性を弱めているのかも知れない.

更に, 使用するペプチドの分子量が, 遺伝子導入効率に大きく影響することがわかった. 遺伝子導入能力の高い poly(L-arginine) と poly(L-ornichine) について, 分子量の異なるポリペプチドで遺伝子発現能力を調べた. 図8.8に示すように, 平均分子量 203,400 の poly(L-ornichine) で最も大きな活性を示し, 分子量 92,000 の poly(L-arginine) が続いた. 分子量 1 万の poly(L-ornichine), poly(L-arginine) では, 殆ど遺伝子発現能力を示さなかった. 実用的に分子量の大きなペプチドが遺伝子導入試薬として適していることを示している. このような分子量による効果は, DNA-ポリペプチド複合体の細胞への接着, 細胞内での動態, 核への移行性, ペプチドの脱着などへの影響によると思われるが, これらに大きな影響を与える DNA-ポリペプチド複合体の高次構造については, 前節で議論されている. 分子量 1 万の比較的小さなポリペプチドは, 殆ど遺伝子導入能力を示さず, 細胞への毒性も極めて小さい. 遺伝

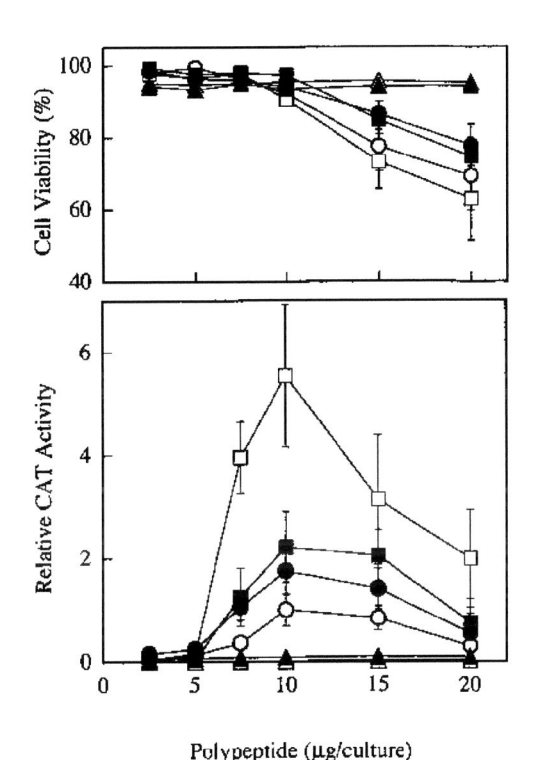

図 8.8 遺伝子発現（下）及び細胞障害性（上）に対するポリペプチドの分子量の影響[22]．poly(L-ornichine) の分子量 11,700（△），53,600（○），203,400（□）及び poly(L-arginine) の分子量 10,800（▲），45,500（●），92,000（■）について調べられた（DNA 4 μg/1.2 ml）．

子複合体と細胞との間の相互作用が弱いためと考えられる．ここでも，DNA-ポリペプチド複合体の高次構造が大きく影響している．

次に，DNA とポリペプチド濃度の影響を調べた．図 8.9 は，ペプチド及び DNA 濃度を変化させたときの遺伝子発現量を示している．共に濃度を上げて行くと，遺伝子発現量は上昇する．最適ペプチド濃度は DNA 濃度に依存し，DNA 濃度が 4，8，16 μg のとき，最適ペプチド濃度はそれぞれ 10，20，20 μg 以上となった．DNA/ペプチドの最適質量比は 0.4〜0.8，DNA のヌクレオチド残基当たり 2〜4 のアミノ酸残基であった．また，遺伝子発現が起こるペプチド濃度は 5〜7.5 μg（DNA 4 μg），7.5〜10 μg（DNA 8 μg），15〜20 μg（DNA 16 μg）で，アミノ酸／ヌクレオチド残基比は 1.5〜2.5 であり，ヌクレオチド残基比で 1 以上のポリペプチドを添加する必要があった．また，DNA 量が過剰（DNA 16 μg）な場合，ペプチド量 10 μg 以下では，殆ど遺伝子発現は見られず，DNA に対してある比率以上のポリペプチド量が必要であった．これは，DNA-ペプチド複合体の荷電状態，すなわち正味にプラス

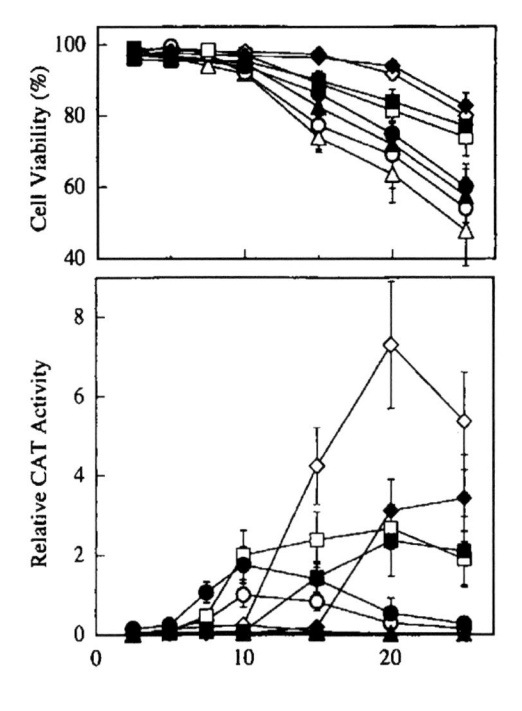

第8章 細胞内環境因子がコントロールするゲノムDNAの高次構造ダイナミクス

図8.9 種々のDNA濃度とポリペプチド濃度での遺伝子発現と細胞障害性[22]．分子量53,600のpoly(L-ornichine)及び分子量45,500のpoly(L-arginine)が用いられ，DNAはそれぞれ△，▲ 2 μg，○，● 4 μg，□，■ 8 μg，◇，◆ 16 μgについて測定された．

荷電を帯びることにより細胞への接着性が増すことや，DNAの高次構造体の形成には一定量のペプチド量が必要であることを示唆している．細胞毒性は，ペプチド濃度の上昇とともに強まるが，DNA濃度の増加は障害性の低下をもたらした．DNAの高濃度での高い遺伝子発現は，混合液の毒性の低下による寄与も含まれると考えられる．これらの結果，添加されるDNA/ペプチドの濃度比が，遺伝子発現効率や細胞障害性に影響する重要な因子であることが分かる．

以上の結果から，塩基性ポリペプチドは実用的な遺伝子導入試薬としての能力を持つが，その構成アミノ酸によって能力は大いに異なることが示された[22,23]．すなわち，poly(L-arginine)，poly(L-ornichine, L-leucine)，poly(L-ornichine)は効率的な遺伝子発現を示し，これらの能力は市販の導入試薬リポフェクチンを上回った．しかし，poly(L-lysine)やpoly(L-lysine, L-alanine)は目立った活性は示さなかった．塩基性ペプチドは，リン酸基を持つDNA鎖と静電気的に結合し，リン酸基をシールドすることによって安定化される．どのような理由で，遺伝子導入能力は，構成アミノ酸によって異なるのだろうか．Marcel[24]ら

はNMRを使った研究で，DNAとの相互作用がoligo(L-ornichine)とoligo(L-lysine)で異なることを示した．また，Ramsay[25]らは，ポリリシンに比べポリオルニチンはより低濃度でDNAの凝縮をひき起こし，反対荷電物質による凝縮の破壊を防ぐ傾向があることを示した．DNA-ポリオルニチン複合体の安定性は，細胞内の輸送効率に良い影響を与えているかもしれない．更に，ペプチド分子量が遺伝子導入効率に大きく影響する[22,23]．これは，ペプチドのサイズに係らずDNAと静電気的結合が起こるが，形成される複合体に形態的な差異が生じており[20]，大きなサイズのペプチドは，ペプチド鎖が長くDNAとの結合の際に，空隙のある複合体を形成し，結合に与らないペプチド鎖が細胞との結合に寄与していると思われる．また，DNAとの結合が安定していれば，細胞内でのDNaseの攻撃に対し抵抗性を示すかもしれない．以上のことから，遺伝子発現効率には，DNAと形成される複合体の構造と性質が重要な役割を担っており，DNA-ポリペプチド複合体の物理化学的特性に関し，更なる研究が期待される．

8.4 高濃度アルブミンがDNA分子の高次構造に及ぼす影響

DNAは非常に長く，細胞内で高密度に折り畳まれて収納されている．真核細胞では，DNAはヒストンタンパク質に巻き付いて折り畳まれたクロマチンとして存在している．そして，高密度に折り畳まれたクロマチン（ヘテロクロマチン）では遺伝子発現がほとんど行われず，発現が盛んな遺伝子群（ハウスキーピング遺伝子など）は，ゆるまったクロマチン構造であるユークロマチンの部分に多く存在することが分かっている．つまり，DNAの折り畳み構造の差異と転写活性には相関があることが示唆されている[26]．したがって，DNAの高次構造の変化を調べることは，DNAの性質を知るだけでなく，機能発現のメカニズムを明らかにする上で極めて重要である．

細胞内のDNAはクロマチンのような構造体形成にタンパク質を利用しているだけでなく，転写や複製といったDNAの機能に関わる大部分をタンパク質が担っている．クロマチンを形成しない原核生物であっても，例えば大腸菌の細胞質には様々なタンパク質やRNAを含めた高分子が存在し，濃度は300 mg/mL以上になると報告されている[27]．つまり，生きた細胞の中でDNAは高分子（主にタンパク質）に囲まれた状態で存在しており，DNAとタンパク質の間には様々な相互作用が働いている．

この相互作用は大きく2つに分けて考えることができる．1つは，DNAに直接的に働きかけるDNA結合性タンパク質との作用であり，もう一つはDNAが存在する環境に普遍的に存在するタンパク質との非特異的相互作用である．

この節では，後者の相互作用についての研究例として，アルブミンを使った実験について述べる．細胞内のように高分子が高濃度で存在している状態で，溶液環境を変化させたときに

第8章　細胞内環境因子がコントロールするゲノムDNAの高次構造ダイナミクス

DNA分子がどのように応答するかを調べるモデル実験系である.

実験には,分子生物学でもよく使われ,入手しやすい仔牛胸腺アルブミン (bovin serum albumin, BSA) を利用した.このタンパク質は分子量66,000,全体として－18価の電荷を持った,アニオン性タンパク質である[28].BSAは純水には溶けにくく,塩を添加することで溶解性が上がるため,塩化ナトリウム (NaCl) を添加した溶液を使用した.DNAの高次構造を確認する方法として,蛍光顕微鏡を用いて全長約60 μm のDNA(バクテリオファージT4のゲノムDNA)の1分子観察を行った.DNAは予めDNAのみを選択的に染色する蛍光色素 (YOYO-1) で染色してからBSA溶液と混和した.BSAの濃厚溶液とDNA溶液とは混ざりにくいが,激しく撹拌するとDNAが切断されてしまうため,穏やかに混ぜた後,4℃で1日以上静置した後観察を行った.

BSA-NaCl溶液中のDNAは図8.10のような蛍光顕微鏡像として観察された[29].1%(w/v) BSAでは,DNA分子は広がって膨潤したコイル状態をとっており,著しい分子鎖内ブラウン運動が見られた(図8.10 (A)).BSA濃度が十分高くなると,DNAは高密度に折り畳まれたグロビュール状態になり,図8.10 (C) のような輝度の高い光の点として観察された.中間のBSA濃度ではDNAは部分的に折り畳まれた構造体が得られた(図8.10 (B)).この構造体は

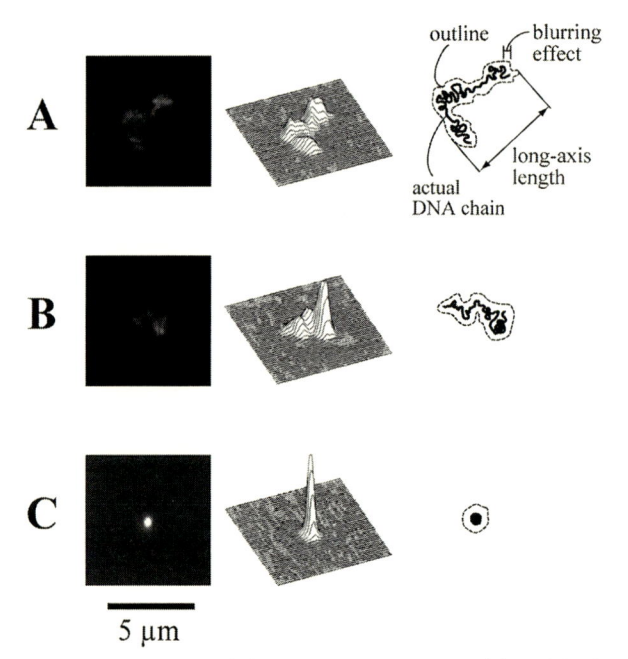

図8.10　BSA-NaCl溶液中のT4 DNA分子の蛍光顕微鏡像(左)と蛍光強度の擬似3次元分布(中),DNA分子の模式図(右)[29].BSA濃度は (A) 1% (w/v),(B) 5% (w/v),(C) 15% (w/v),NaCl濃度はすべて150 mMである.蛍光顕微鏡像は,蛍光のにじみの効果で実際のDNAよりも0.2〜0.3 μm程度大きく見える.

分子鎖内に広がった部分と凝縮した部分が共存している．

　NaCl濃度一定（150 mM）で，BSA濃度を増加させたときのDNA分子の空間的な広がりの変化を長軸長（long-axis length, L）の値で示したものが図8.11（A）であり，（B）には

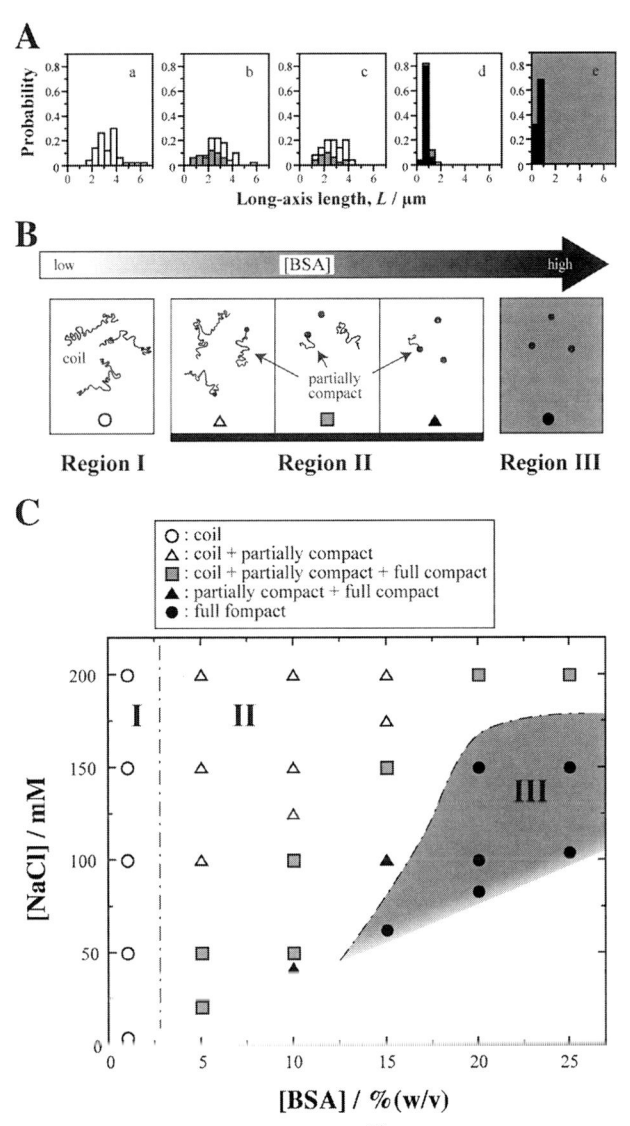

図8.11　BSA-NaCl溶液系でのDNA分子の高次構造変化[29]．（A）150 mM NaCl溶液中でBSA濃度を変化させた時のDNAの長軸長（L）の分布．BSA濃度は（a）1%（w/v），（b）5%（w/v），（c）10%（w/v），（d）15%（w/v），（e）20%（w/v）．ヒストグラムのバーの色分け（白色，灰色，黒色）はそれぞれ，膨潤したコイル状態，部分凝縮した状態，完全に凝縮した状態のDNA分子を表している．（B）BSA濃度の増加に伴うDNAの高次構造変化の模式図．領域IとIIIは溶液中のすべてのDNA分子が単一の状態で存在しており，Iは広がって膨潤した状態，IIIは完全に凝縮した状態である．領域IIはIとIIIの中間の状態で，複数種の状態（膨潤した状態，部分的に凝縮した状態，完全に凝縮した状態）のDNA分子が溶液中に共存している．部分的に凝縮したDNA分子は領域IIのみで出現する．（C）NaClとBSA濃度に応じたDNAの高次構造の状態図（相図）．領域と記号が示すDNA分子の状態組成は（B）と（C）とで対応している．

模式的にDNAの高次構造変化を示した[29]．長軸長とは，DNAの蛍光顕微鏡像の輪郭において最も長くなるような軸の長さであり，各溶液条件で無作為に50分子のDNAを測定した．1%（w/v）BSAでは，すべてのDNA分子は平均3 μm程度の長軸長をもったコイル状態で溶液中に存在していた．BSA濃度を増加させるのに伴い，部分的に折り畳まれた構造体が現れた．部分凝縮体の長軸長は広がって膨潤した状態よりも小さくなった．20%（w/v）BSAでは，すべてのDNA分子は完全に凝縮して長軸長が1 μm以下の小さな構造体になった．様々なNaCl濃度で実験を行ったが，全体的にBSA濃度を上昇させるとDNAは凝縮した（図8.11（C））．そして，NaClはDNAが広がって膨潤した状態から折り畳まれて凝縮した状態へと変化するのを妨げた．塩のこのような阻害作用は，Ψ-凝縮（polymer-salt induced（psi）condensation，Ψ-condensation）とは逆であった．ポリエチレングリコール（PEG）のような水溶性の中性高分子とNaClなどの塩によってDNA凝縮が生じるΨ-凝縮では，塩はDNA凝縮を促進させる[2,30]．

　細胞核内の高分子濃度は100～200 mg/mLであることが知られている[31]．このBSAを使った研究では，この濃度は10～20%（w/v）に相当し，DNAの著しい高次構造変化を引き起こすことが明らかになった．生きた細胞内でゲノムDNAが存在しているのは高分子が高濃度に存在する混雑した（crowding）環境であり，タンパク質がもたらすこのような環境の効果の重要性がこの研究によって示されたと考える．

〈参考文献〉
1) V. A. Bloomfield *et al.*, *Biopolymers*, **44**, 269-282（1997）
2) V. A. Bloomfield *et al.*, Nucleic Acids-Structures, Properties, and Functions, University Science Books（2000）
3) M. Takahashi *et al.*, *J. Phys. Chem. B*, **101**, 9396-9401（1997）
4) K. Yoshikawa *et al.*, *J. Biol. Phys.*, **28**, 701-712（2002）
5) Y. Yamasaki *et al.*, *J. Am. Chem. Soc.*, **119**, 10573-10578（1997）
6) S. M. Mel'nikov *et al.*, *Biochem. Biophys. Res. Commun.*, **230**, 514-517（1997）
7) Y. Yoshikawa *et al.*, *FEBS Lett.*, **361**, 277-281（1995）
8) S. M. Mel'nikov *et al.*, *J. Am. Chem. Soc.*, **117**, 9951-9956（1995）
9) Y. Yamasaki *et al.*, *Biophys. J.*, **80**, 2823-2832（2001）
10) S. Kidoaki *et al.*, *Biophys. J.*, **71**, 932-939（1996）
11) 吉川研一監修，DNAの折り畳み―その物理化学と生物・医学への展開，アイピーシー（2003）
12) J. Rutter *et al.*, *Science*, **293**, 510-514（2001）
13) H. R. Ueda *et al.*, *Nature*, **418**, 534-539（2002）
14) D. Matulis *et al.*, *J. Mol. Biol.*, **296**, 1053-1063（2000）
15) N. Makita *et al.*, *Biophys. Chem.*, **99**, 43-53（2002）
16) M. X. Tang *et al.*, *J. Gene Med.*, **7**, 334-342（2005）

〈参考文献〉

17) M. Horikoshi *et al.*, *Cell*, **54**, 1033-1042（1988）
18) K. Tsumoto *et al.*, *Biophys. Chem.*, **106**, 23-29（2003）
19) T. Akitaya *et al.*, *Biomacromolecules*, **4**, 1121-1125（2003）
20) T. Akitaya *et al.*, *Biomacromolecules*, **8**, 273-278（2007）
21) A. Grosberg *et al.*, Statistical Physics of Macromolecules, AIP Press, New York（1994）
22) M. Tokunaga *et al.*, *J. Pharm. Sci. Technol., Jpn.*, **63**, 71-78（2003）
23) M. Tokunaga *et al.*, *Int. J. Pharmaceutics*, **269**, 71-80（2004）
24) H. P. Marcel *et al.*, *Biochemistry*, **29**, 7838-7845（1990）
25) E. Ramsay *et al.*, *Int. J. Pharmaceutics*, **210**, 97-107（2000）
26) B. Alberts *et al.*, Eds., Molecular Biology of the Cell, 4th ed., Garland Science, New York（2002）
27) S. B. Zimmerman *et al.*, *J. Mol. Biol.*, **222**, 599-620（1991）
28) U. Böhme *et al.*, *Chem. Phys. Lett.*, **435**, 342-345（2007）
29) K. Yoshikawa *et al.*, *J. Phys. Chem. Lett.*, **1**, 1763-1766（2010）
30) V. V. Vasilevskaya *et al.*, *J. Chem. Phys.*, **102**, 6595-6602（1995）
31) R. Hancock, *Semin. Cell Dev. Biol.*, **18**, 668-675（2007）

第9章
ナノイメージングから得られる物理的側面
―クロマチンの原子間力顕微鏡観察を通じて―

中井　唱　(Tonau Nakai)
鳥取大学　大学院工学研究科　機械宇宙工学専攻　助教

9.1　ゲノムの階層構造

　生物のほとんどすべては，遺伝情報をDNAとして持っている．DNAは塩基配列を持った鎖状分子で，その長さはヒトの場合で全長2 mになる．これだけ長い分子が直径僅か10 μm（1 μmは1 mの100万分の1）の核（原核生物の場合は細胞）の中に折りたたまれて収納されている．DNAの太さは約2 nm（1 nmは1 mの10億分の1）である．イメージしやすいように手近なもので例えてみよう．DNAを太さ0.2 mmの糸だとすると，人間のゲノムは全長200 kmにもなる．これが直径1 mの球に収まっているのだ．一方で，DNAは密に折りたたまれるだけではなく，容易に解けるように格納されていなければいけない．つまり，適当に核内にぎゅうぎゅう押し込めるようなパッキングではだめだ，ということだ．その理由は，遺伝子の転写，複製時に，遺伝情報の必要な箇所が読み出されなければならないからだ．乱雑に詰め込まれた糸だと，どこを読み出してよいか分からないうえに，絡まってちゃんと解きほぐせないであろう．このような要求を満たすためには，どのようにゲノムを折りたためばよいのだろうか．

　その疑問は，見てみることにより解決する．近年，電子顕微鏡の開発など，観察方法の進歩により，マイクロ・ナノメートルぐらいの微小な物体でも観察可能になった．その結果，ゲノムは図9.1に示すような構造とることが明らかになった[1]．真核生物のゲノムはタンパク質とともにクロマチンという複合体をつくり，階層構造を持って核内に収納されている．この階層構造の基本単位はヌクレオソームと呼ばれており，DNA鎖がコアヒストンと呼ばれるタンパク質に約2回巻きついた構造をとっている[2]．ヌクレオソーム構造は11 nmファイバーとも呼

第9章 ナノイメージングから得られる物理的側面―クロマチンの原子間力顕微鏡観察を通じて―

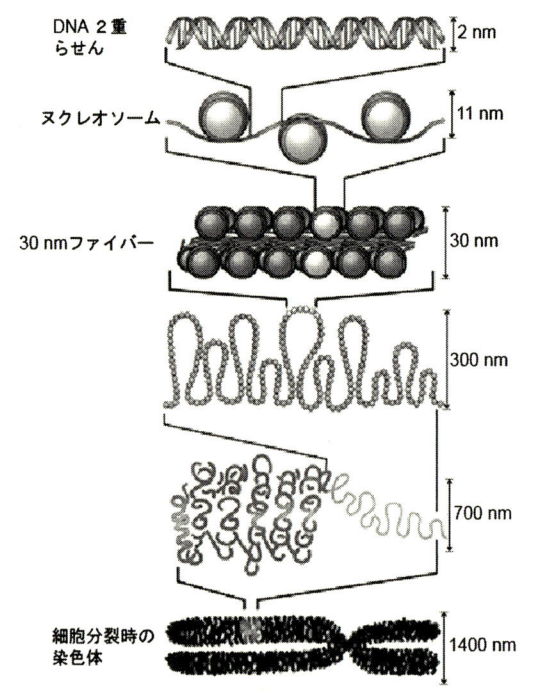

図9.1 ゲノムの階層構造．文献1）の図を一部改変．

ばれており，これにヒストンH1と呼ばれるリンカーヒストンが結合すると，より高次の構造である30 nmファイバーとなる．このような階層構造を幾重にも経て，細密構造はx型の染色体の構造となる．このような階層構造をとることで，ゲノムは密なパッキングと遺伝情報に対する容易なアクセスを獲得しているのである．これは，ファイルが多くなったコンピュータを，フォルダを使っていくつかの階層に分類して整理することや，図書館の膨大な本を，分野別に分類番号をつけて整理するのに似ている．一方，バクテリアなどの原核生物は階層構造を持たず，ただゲノムが細胞内に折りたたまれているだけである．おそらくゲノムが進化の過程で遺伝情報が多くなり，その整理のためにこのような階層構造を獲得したのであろうことを思うと，うまくできているなと感心する．

以上に述べたようにゲノムが階層構造をとること，そして各階層の構造は分かってきた．次に起こる疑問は，「どの様な外的要因によりゲノムは構造を変化させるか」，そして「構造変化のダイナミクスはどのようなものだろうか」であろう．前者については検証可能だろう．ヌクレオソームの構造変化に関してはこれまで研究が行われており，ヌクレオソームは高塩濃度などの環境で凝集することが知られている[3]．しかし後者の疑問について，それを直接見て解決することは容易ではない．nmスケールの構造が対象の場合，溶液環境などの条件を変化させたときに観察できるのはほとんど平衡構造であると言ってよいからだ．溶液環境を変えたときに観察できるのは構造変化前と後のゲノムだけで，まさに変化する最中のゲノムを捉えること

はできない．平衡状態になるまでの時間に対して，観察の準備にかかる時間が長すぎるのだ．

そこで，攻め方を変えて物理学の出番となる．実物を観察することはできなくても，その「動き」を支配する物理的要素を抽出することができれば，計算機シミュレーションによりその「動き」を再現できる．本稿では，ヌクレオソーム構造から高次の 30 nm ファイバー構造への転移ダイナミクスを解明するための，物理的要素抽出について紹介する[4]．まず重要なのが，ヌクレオソーム間の相互作用ポテンシャルである．そこでヌクレオソーム構造の観察，解析を行い，ヌクレオソーム間相互作用と，多数のヌクレオソームが存在する系について考察する．本稿では，話の要点だけを噛み砕いて説明するにとどめる．興味を持たれた方は，章末の文献を参照されたい．

9.2 クロマチンの再構成

細胞から抽出したゲノムには，様々なタンパク質や，抽出時の試薬などが混在しており，ヌクレオソームの凝集を物理的側面から捉えるには不都合である．そこで観察対象には，細胞から抽出したゲノムではなく，生成した DNA とコアヒストンから再構成したヌクレオソームを用いる．クロマチン 1 分子（厳密には分子の複合体であって「分子」ではない）における構造転移を観察することが必要であるので，1 つの DNA 鎖に多数のヌクレオソームを持つ系を対象とする．DNA は，長鎖のもの（106 キロ塩基対，約 35 マイクロメートル）を用いる．これにより，DNA 1 分子あたり，数百個のヌクレオソームを持った構造が得られる．ヌクレオソーム数を増やしたとき，クロマチンにどのような構造変化が起こるかを観察する．ヌクレオソーム再構成の方法は，文献 5) に詳述されている．

9.3 観察方法

ここでは，クロマチン（DNA とヒストンの複合体）の全体像の観察を目的としている．つまり，DNA を紐，ヒストンを球（どちらかと言うと円筒形に近い），ヌクレオソームは紐が球に巻きついた構造と捉えられれば十分である．この目的のためには，原子間力顕微鏡（AFM）による観察が適している．AFM の原理は，片持ち梁の探針を試料表面に近づけたときに働く原子間力により梁が変形する量を測定するものである．これにより試料表面の三次元グラフを描くことができるし，試料の硬さなどの力測定も可能である．しかし，試料は基板上に固定しなければならない．また，測定時間がかかるという欠点もある．このような理由により，AFM は詳細な観察ができる，試料にあまり負担をかけずに測定できるものの，観察しているものは実際の生命現象を反映していない場合があることに注意しなければならない．よく言われる例えを用いると，AFM を用いても「泳いでいるイカ」をそのまま観察することはできない．

9.4 観察結果

DNAに対するコアヒストンの割合を増したときに，どのような構造変化が起こるかを観察した．図9.2にクロマチンの蛍光顕微鏡像（A，B，C）とAFM像（D，E，F）を示す．蛍光顕微鏡観察を併用したのは，クロマチンが凝集した際に，AFMでは「大きなゴミ」との区別がつかないからである．図9.2中で（A）と（D），（B）と（E），（C）と（F）は全く同一のクロマチンである．DNAに対するコアヒストンの重量比は，図9.2の（A）と（D）では1.0，（B），（C），（E）および（F）では1.3である．（D）ではヌクレオソームがクロマチン内で分散しているのに対して，（E）では分散部分と凝縮部分が共存している．（F）ではクロマチンが完全に凝縮している．重量比が1.3の条件では，分散・凝縮の共存（部分凝縮）状態と完全凝縮の割合がほぼ半々であり，分散したクロマチンは全体の約5％程度であった．重量比1.0においては，95％以上のクロマチンが分散状態で，残りは部分凝縮状態であった．

以上の記述は，基板上に貼り付けられたクロマチンについての結果であることに注意しなければならない．つまり，図9.2で見られるものは，クロマチンと基板との引力相互作用によって引き起こされた構造変化である，もしくは，実際溶液中で起きている構造変化ではない，という可能性があるということである．もっとも，生体内のゲノムは足場と呼ばれる部分とつながれるなど，完全に溶液中に浮遊しているわけではない[6]．したがって，基板との相互作用がある場合にどのような構造変化が引き起こされるか，という問題も非常に興味深い．しかし今の場合はともかく，溶液中に存在するクロマチンについても構造変化に関する調査が必要である．溶液中でもヌクレオソームの凝集が起こっていることは，蛍光染色を用いた顕微鏡観察により確かめることができる．蛍光顕微鏡法の空間分解能は数百nmなので，このクロマチンは図9.2（A）-（C）に示すような光の点にしか見えない．ただし，ヒストンの重量比を増したときに蛍光輝度分布が図9.2（C）のように鋭くピークが立っていることや，溶液中のブラ

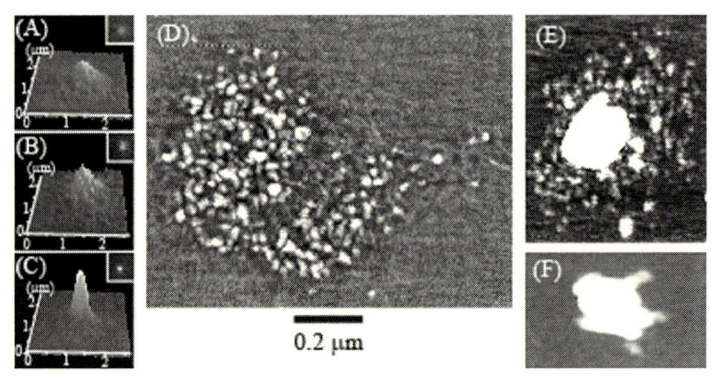

図9.2 再構成したクロマチンの蛍光顕微鏡像（輝度の擬似三次元写真）およびAFM像．ヌクレオソームの凝集部分と分散部分にが相分離しているのが見られる．文献4）より転載．

ウン運動の解析から得られる流体力学的半径から，クロマチンが凝縮していることが推察される．また，クロマチンの基板への吸着方法は文献7)と同様な方法であり，吸着力は十分弱いため，2次元平面上でほぼ平衡構造になっていると考えられる．

9.5 ヌクレオソーム間相互作用を測る―見るだけではもったいない―

さて，本手法で得られた基板上のAFM像が「2次元平衡構造」であるならば，ヌクレオソームの配置は，熱揺らぎにおいて個々のヌクレオソームがとりうる状態を，確率的に表したものであると言える．つまり，得られたAFM像を解析することで，ヌクレオソーム間の相互作用の強さが測定できることになる．ここで分布関数の考えを用いると，画像上での2つのヌクレオソーム間の距離を全て測定し，その分布から，ヌクレオソーム間の相互作用ポテンシャルが，距離の関数として求めることができる[8]．これによって得られたグラフが，図9.3である．縦軸に相互作用ポテンシャルエネルギー，横軸にヌクレオソーム間の距離をとってある．縦軸をk_BTで割っているのは，熱揺らぎのエネルギーとの比較のためである．熱揺らぎによる粒子のランダム運動のエネルギーは，粒子の1自由度あたり$k_BT/2$である．この場合は，ほぼ2次元と考えてよいので，ヌクレオソームは基板上でほぼk_BTの運動エネルギーを持つことになる．これに対して図9.3に示すポテンシャルの深さが0.3 k_BT程度なので，熱揺らぎによりヌクレオソームどうしが凝集することはない．また，ポテンシャルの幅が10ナノメートル程度で，ヌクレオソーム1つ分しかないことも特徴的である．つまり，ヌクレオソームがごく近くに存在するときだけ，弱く引き合うのである．

ヌクレオソームどうしの相互作用は，中性子散乱法などで調べられている[9]が，これはヌクレオソームどうしがつながっていない場合の測定値である．一方，一つの長鎖DNA内のヌクレオソームどうしの相互作用は，間に介在するDNAによる影響が加味される．このような場合の相互作用ポテンシャルを求めるには，光散乱法では困難である．統計的には不十分かもし

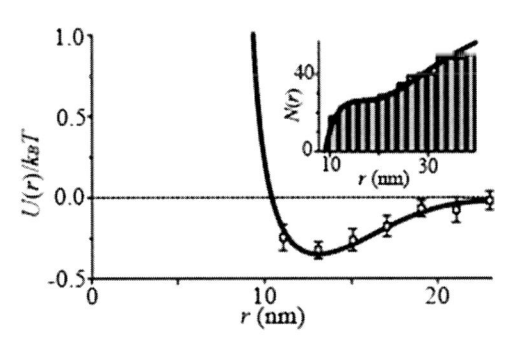

図9.3 ヌクレオソーム間の相互作用ポテンシャルと分布関数．文献4)より転載．

れないが，AFM 像から相互作用ポテンシャルを得る方法が最善であろう．

9.6 相分離構造の理論的考察

容器に閉じ込められた水分子の集まりの状態変化（相転移）を統計物理学により説明できるのと同様に，ヌクレオソームを多数持つクロマチン内の相分離現象について考察してみよう．クロマチン 1 つあたりの自由エネルギーを計算することで，相分離現象を説明することができる．自由エネルギーは大きく分けると DNA の弾性エネルギーとヌクレオソームの相互作用エネルギーに分けられる．

$$F(n) = F_{\text{ela}} + F_{\text{int}}(n) \tag{1}$$

ここで F_{ela} は DNA 鎖のエントロピー弾性で，高分子の広がりパラメータ α（理想鎖のサイズに対する高分子の広がりの大きさ）を用いて，

$$F_{\text{ela}}/k_B T = \alpha^2 + \alpha^{-2} \tag{2}$$

と表すことができる[10]．一方，$F_{\text{int}}(n)$ については，図 9.3 で得られた相互作用ポテンシャル $U(r)$ を用いて記述する．図 9.3 から分かるようにポテンシャル $U(r)$ の溝の幅が 10 nm 程度とヌクレオソーム 1 つ分ぐらいの狭さであり，ヌクレオソームの相互作用は最近接のものだけを考えればよいので，

$$F_{\text{int}}(n)/k_B T \sim n U(r) \tag{3}$$

と表せる．このように表したクロマチンの自由エネルギー $F(n)$ について，n を変化させてそのプロファイルを描くと，図 9.4 のようになる．高密度側と低密度側にそれぞれ極小をもつことが分かる．ヌクレオソーム数 n の増加に伴い，高密度側がより安定になり，$n = 500$ で凝縮

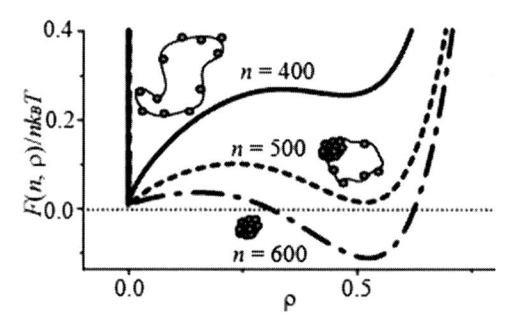

図 9.4 様々なヌクレオソーム数 n についてのクロマチンの自由エネルギー．文献 4) より転載．

状態と分散状態が共存することがわかる．

9.7 おわりに

　以上に見てきたように，精製した DNA とコアヒストンから再構成したクロマチンは，ヌクレオソーム数の増加にともない，ヌクレオソームが凝集した部分と分散した部分に相分離することが分かった．今回の系は生体分子を材料として人工的に作り上げた非生物であるが，生体内のゲノムにおける2つの階層構造を行き来している，という類推もでき，細胞内のゲノムとそう遠くない構造だと思われる．また，この相分離構造を引き起こすのは，ヌクレオソーム間の相互作用ポテンシャルの溝が浅く狭いことに起因しているといえる．もし溝の広いポテンシャルだと緩慢転移，深いポテンシャルだとがちがちに固まった凝集体となるであろう．ゲノムが遺伝子の機能をON/OFF的に切り替えるためにはON/OFF的な構造変化が必要で，そのために「狭く浅い」ポテンシャルが採用されているのであろうか．

　生命現象を分子レベルから理解するためには「生きたまま，高速度で，拡大観察する」のが理想であり，このような装置も近い将来開発されるかもしれない．そうすれば，今までの観察・計測方法は用無しになってしまうであろう．それでもなお，技術の進歩によって獲得した現在の計測手法を組み合わせ，現象の側面をつぶさに観察し物理モデルを提案することで，未来の生命科学への大きな貢献ができる余地があると私は感じる．

〈参考文献〉
1) G. Felsenfeld and M. Groudine, *Nature*, **421**, 448 (2003)
2) K. Luger *et al.*, *Nature*, **389**, 251 (1997)
3) J. Widom, *J. Mol. Biol.*, **190**, 411 (1986)
4) T. Nakai *et al.*, *Europhys. Lett.*, **69**, 1024 (2005)
5) K. Hizume *et al.*, *Arch. Histol. Cytol.*, **65**, 405 (2002)
6) B. Alberts *et al.*, "Molecular Biology of the Cell", 4th edition, p. 223, Taylor & Francis Group (2002)
7) N. Yoshinaga *et al.*, *J. Chem. Phys.*, **116**, 9926 (2002)
8) J.-P. Hansen and I. R. McDonald, "Theory of Simple Liquids", 2nd edition, p. 38, Academic (1986)
9) S. Mangenot *et al.*, *Eur. Phys. J. E*, **7**, 221 (2002)
10) A. Grosberg and A. Khokhlov, "Statistical Physics of Macromolecules", p. 84, American Institute of Physics (1994)

第10章
タンパク質研究における巨大リポソームの利用法

湊元幹太　(Kanta Tsumoto)
三重大学　大学院工学研究科　講師

吉村哲郎　(Tetsuro Yoshimura)
三重大学　大学院工学研究科　特任教授；㈱リポソーム工学研究所　代表取締役；㈶名古屋産業科学研究所　上席研究員

10.1　はじめに

　細胞膜は，単細胞生物，多細胞生物を問わず，細胞外部と内部との境界を構成しているため，内外の生物学的な情報授受が行われる場所となっている．実際の細胞膜構造は複雑であるが，模式図的には，両親媒性分子であるリン脂質が形成する二分子膜に膜タンパク質が浮遊している，SingerとNicolsonの流動モザイクモデルが研究のベースとなっている．主に水溶性分子を情報伝達物質とする情報授受では，膜タンパク質が，受容体，チャネル，膜酵素として重要な役割を果たしている．光合成や酸化的リン酸化など，生物のエネルギー生産系でも，膜タンパク質が，鍵分子としてはたらいている．膜タンパク質は，貫通型，結合型，アンカー型など，様々な様式で，細胞膜に相互作用しながら，単独あるいは複合体を形成し，機能を発現している[1]．これらの機能因子を取り出して，人工的に構築した細胞モデル膜に組み込み，もとの機能を再構成しようとする試みが，膜タンパク質機能研究の基本の一つとなっている．本章では，人工膜として細胞膜の主成分であるリン脂質の二分子膜からなるベシクル（リポソーム）を活用した，膜タンパク質再構成について述べる．特に最近，人工細胞モデル研究の素材として，再び，盛んに利用されてきている細胞サイズリポソーム（巨大リポソーム）を中心に話題提供する．

10.2　リポソーム（liposome）

　リン脂質の懸濁液中に，二分子膜により囲まれたベシクル構造が自発的に形成され，生体

第10章 タンパク質研究における巨大リポソームの利用法

膜に近似した物質透過性を保持していることを，イギリスのA. D. Bangham博士が見出し，リポソームと呼んだ．その後，リポソームは，人工のモデル細胞膜として物性研究や生化学研究に活用された．さらに，物質封入が可能であること，生体適合性が高いこと，調製法やサイジング技術が発展し信頼性が高まったこと，などを背景に，送達担体としてdrug delivery system（DDS）に応用されている．

リポソームは，リン脂質膜の重なり度合い（多重度），特徴的な粒径，ときに調製法，によって分類される．膜多重度により，単層ベシクル（unilamellar vesicle：ULV），多重層ベシクル（multilamellar vesicle：MLV）に分けられる．ULVは，直径50 nm程度までの小さいULV（small unilamellar vesicle：SUV），100-1000 nm程度のULV（large unilamellar vesicle：LUV），1 μm以上のULV（giant unilamellar vesicle：GUV）に分けられる（図10.1）．この区分の基準は恣意的なものであるが，どのような操作で作製するか，どのような実験を行いたいかにより，形成されるリポソームの形状や注目しているサイズが自ずと決まるので，特に問題にはならない．DDSには，LUVが好まれている．

一方，巨大リポソーム（giant liposome）のGUVは，別名，細胞サイズリポソーム（cell-sized liposome）とも呼ばれ，細胞同様，光学顕微鏡でリアルタイムにビデオ観察ができたため，膜の形態変化や損傷・崩壊などを引き起こす条件の研究に，古くから利用されてきた[2-8]．また，最近は，大きなサイズが，小さなリポソームでは不可能であった，単一リポソーム膜上における膜の相分離構造の可視化を可能とした．細胞膜のラフト構造のモデルと目されている液体秩序相（liquid-ordered phase：l_o相）と，液体無秩序相（liquid-disordered phase：l_d相）との共存により，マイクロドメインが形成される[9, 10]．GUVによる膜ドメインの物理化学的解析が進んでおり，より生体膜の実状を意識した，膜タンパク質局在化との関係を調べる研究もなされてきている[11-13]．このほかにも，GUVは，種々の生物機能を再構成する"場"の役割を期待された人工細胞モデル研究材料として広く活用されており，文献への登場数は著しく増えてきている．他のリポソームと異なり，生理的な塩水溶液中では，効率的なGUV調製が可能な万能法が少なく，単分散性の高いGUVの自発形成は難しい[8]．巨大リポソーム調製法は，これまで数多くの報告がなされてきたが，ここでは頻繁に利用されている2

- Multilamellar Vesicle (MLV)
- Unilamellar Vesicle (ULV)
  Small Unilamellar Vesicle (SUV)　~50 nm
  Large Unilamellar Vesicle (LUV)　~100-1000 nm
  Giant Unilamellar Vesicle (GUV)　~10-200 μm

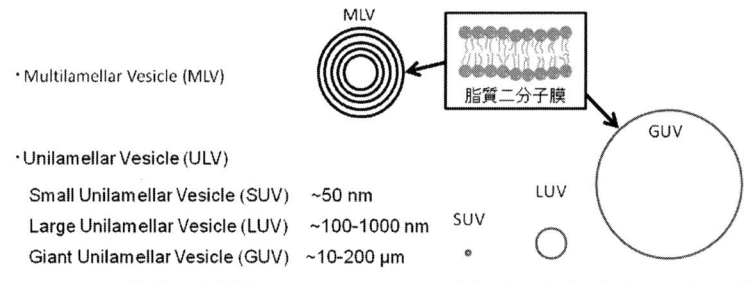

図10.1　サイズと膜の多層性によるリポソームの分類（サイズはあくまでも目安）．

つの手法（electroformation 法と静置水和法）を紹介する．

Electroformation 法[5,8,14,15]では，まず電極表面に有機溶媒などに溶かしたリン脂質溶液を塗布し乾燥させることで，ラメラ状に二分子膜が積層したフィルムを形成する．フィルムが形成された電極を，対となる電極とともに，特殊なチャンバーに入れた水性溶液に浸漬し，交流電界を印加することで，巨大リポソームの水和・膨潤が促進される．電極には，白金線[5]や酸化インジウムスズ（ITO）を蒸着したカバーガラス[14,15]などを用いる．広く普及した手法で，形成に関する詳細な解析も行われている[16,17]．静置水和法[8]では，特殊な装置を必要とせず，有機溶媒に溶かしたリン脂質からエバポレーターや窒素気流などでガラス容器底面に乾燥フィルムを作製，真空下で溶媒を十分に除去した後，水性溶液を加えることで，巨大リポソームが形成する．Electroformation 法は，高効率で，粒径の多分散性が比較的抑えられた GUV が得られるが，電極から解離し難い場合がある．また，スケールアップに難点がある．静置水和法は，中性の脂質組成や，生理的イオン強度の水溶液では，GUV の形成効率が低いものの，極めて簡便でスケールアップも容易なため，頻繁に利用される．リポソームの成分に酸性脂質を加える[18]，2価の金属カチオン存在下で電気的に中性のリン脂質を用いる[19,20]，水溶性高分子（ポリエチレングリコール）で修飾した脂質を含ませる[21]，フィルム形成の際に浸透圧差を生み出すよう水溶性物質をドーピングする[22]，などの工夫によって，形成の効率化が図られている．調製された巨大リポソームの特性には，形態などに若干の相違があるとの報告がある[23]．さらに詳しくは，成書，総説に詳細に記載されているので参照されたい（リポソーム全般の研究の歴史，調製法，応用法については文献[24-27]が参考になる．特に GUV の既報の調製法は文献[8]に網羅されている）．

10.3　巨大プロテオリポソーム（giant proteoliposome）

膜タンパク質のうち，膜貫通型は，疎水性の高い貫通部分と，細胞質側・細胞外部に突き出た水溶性部分からなる，両親媒性分子であるため，解析には可溶化する必要がある．特に，膜を境界にした，チャネル，ポンプや情報伝達などの機能研究には，人工的に脂質二分子膜へ再構成する．人工膜としてリポソーム膜を用いるものを，プロテオリポソームという．これは，生物試料から界面活性剤により可溶化された膜タンパク質と，同様に可溶化されたリン脂質のミセル（一部はリポソームとしても存在する）混合物から，透析や樹脂への吸着によって界面活性剤のみを除去すると自発的に形成され，その膜には膜タンパク質が貫通している．膜タンパク質の種類により，界面活性剤の選択などの条件検討が必要であるが確立された手法であり，主に，小さいリポソームに適用される[25,28]．

一方，GUV に膜タンパク質が再構成された巨大プロテオリポソームの調製については，既に多くの調製例が知られているものの，現在も新規手法の研究が進められている．はじめ

第10章 タンパク質研究における巨大リポソームの利用法

は，細胞膜やオルガネラ膜など，生体膜自体を材料としてベシクル化することで作製されていた[29-37]．このとき，リン脂質を添加した上で，凍結・融解や脱水・再水和などの操作を施して，巨大プロテオリポソーム化する場合が多い．この操作によって，小さなベシクルが融合を繰り返し巨大化することが期待されるため，後述の方法②と類似した手法ともいえる．このプロテオリポソームは，パッチクランプ法による膜電位測定が可能であることから，現在でも，神経伝達関連の膜タンパク質機能の研究などの重要なツールとなっている．

　精製された膜タンパク質のGUVへの再構成は，2000年代に入って有用な手法がいくつか報告された（表10.1，図10.2）．調製方法は，大きく分けて，①一旦常法で小さいプロテオリポソームを作製するもの[38-40]，②膜タンパク質をGUV膜へ直接挿入するもの[41-43]，そして，③ウイルス粒子の膜（エンベロープ）に発現した膜タンパク質を利用するもの，がある．ここでは，前二者の概略を述べる．後一者は次節で述べる．

　①では，界面活性剤除去法で調製した小さいプロテオリポソームを巨大プロテオリポソー

表10.1　巨大プロテオリポソームの調製例

膜タンパク質	調製法の概要	文献
バクテリオロドプシン（BR）	膜融合性ペプチドを結合したLUVにBRを再構成後，electroformation法で作製したGUVと混合し，膜融合させる	38
筋小胞体Ca^{2+}-ATPase, BR	常法で調製したサブミクロンのプロテオリポソームを含む懸濁液を，ITO電極上に置いて乾燥（脱水）させフィルムを得た後electroformationする（再水和）	39
voltage-dependent anion-selective channel（VDAC）	VDACのcDNAから無細胞遺伝子発現系で発現したタンパク質を含む反応溶液にリポソームを混和しサブミクロンのプロテオリポソームを得た後，それをelectroformation法により調製したGUVと混合，遠心により沈降．膜融合が引き起こされる	40
oligopeptide-binding protein（OppA），lactose transport protein（LacS）	大腸菌により組換えタンパク質を調製後，可溶化，常法によりプロテオLUVを作製．文献[39]と類似の手法により，巨大プロテオリポソームを調製	55
SNARE	膜貫通タンパク質と水溶性タンパク質との複合体も再構成可能．文献[39]と類似の手法により調製	56, 57
human placental alkaline phosphatase（PLAP）	GPIアンカー型タンパク質のPLAPを再構成．プロテオLUVから文献[39]と類似の手法により調製	58
β-secretase（BACE）	バキュロウイルス／昆虫細胞発現系で組換えタンパク質を作製，細胞より可溶化し，常法でLUVに再構成．文献[39, 58]に類似した方法で調製	59
α-hemolysin	無細胞遺伝子発現系を封入した巨大リポソーム内でcDNAを発現，タンパク質は自発的に脂質二分子膜へ挿入されチャネル活性を示す	41
apo cytochrome b_5（b5），およびb5融合 dihydrofolate reductase（DHFR）	小麦胚芽由来無細胞タンパク質合成系を，巨大リポソームと混在させ，反応を行う．b5の膜貫通領域が，脂質二分子膜に自発的に挿入される	42
connexin 43（Cx43）	文献[42]の方法によりCx43を再構成．実細胞と同様の物質の透過活性を示す	43
glycophorin A	可溶化した膜貫通型タンパク質を電気パルスにより，リポソーム膜へ挿入	60

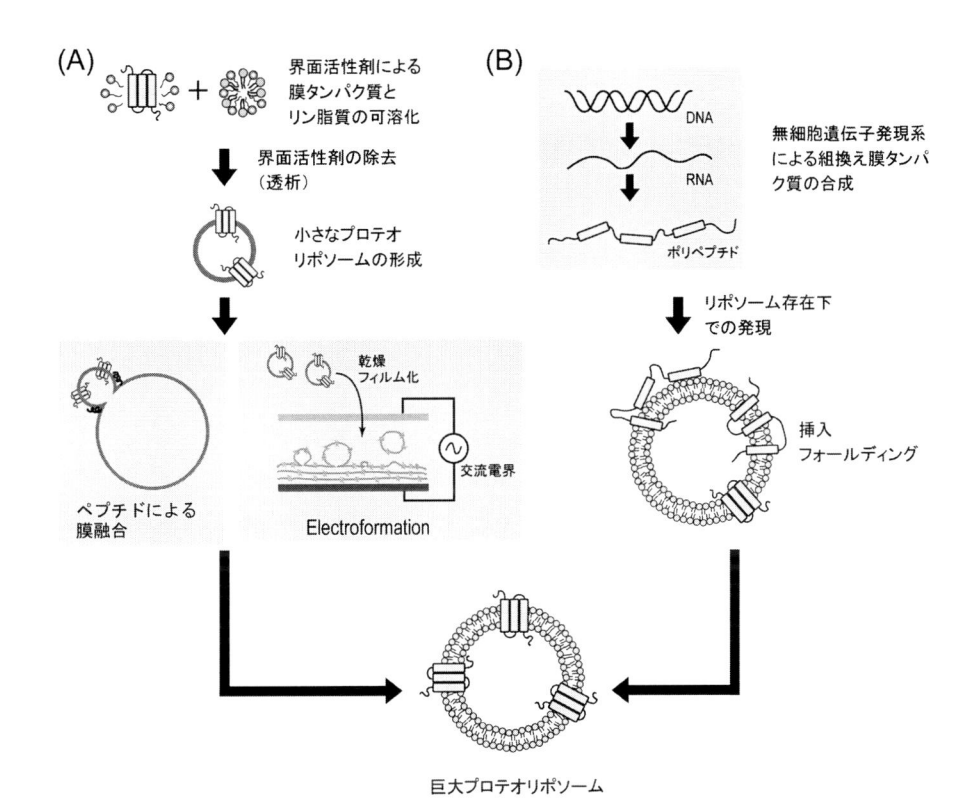

10.3 巨大プロテオリポソーム (giant proteoliposome)

図10.2 主な巨大プロテオリポソームの作製方法（膜構成成分として抽出・精製あるいは合成リン脂質を用いる）．例えば，従来法で作製した小さいリポソームを出発の材料とするもの（A）と，膜タンパク質の膜作用（貫通）領域をリポソーム膜に直接挿入させるもの（B）がある．

ムへ変換する．膜融合に基づく，いくつかの手順が報告されている．典型的なのは，膜融合誘起性のペプチドWAEで修飾したLUVに再構成したプロテオリポソームを，別に用意した巨大リポソームに融合させる方法である[38]．また，予め調製した小さなプロテオリポソームから，電極上に乾燥フィルムを調製したのち，electroformation法を適用する方法も知られている[39]．フィルム形成時に，膜融合が起こっている．electroformation法の特性は保持されており，比較的形状の整った"プロテオGUV"が作製できる．一方，無細胞遺伝子発現系を用いて，リポソーム存在下でcDNAから組換え膜タンパク質を発現させ，その後，濃縮と超音波処理を施して調製した小さいプロテオリポソームを，濃厚なGUVと混和することで自発的に融合させ，巨大プロテオリポソームを得る方法も最近報告された[40]．

②では，膜タンパク質の疎水性領域である膜貫通部位が，リポソームの脂質二分子膜の疎水性コアを自発的に貫通することを利用する．一般に，脂溶性分子は，リポソーム膜へよく溶け込む．このような蛍光色素（Nile redなど）を用いて巨大リポソーム膜を可視化できる．また，ゼインなど脂溶性の高いタンパク質もリポソーム膜に吸着しやすいことが知られてい

る[44]．巨大リポソームを混在させた無細胞遺伝子発現系を用いて，精製されたDNAやRNAから膜貫通領域をもつタンパク質を発現させると，その領域がリポソーム膜に自発的に組み込まれる[41,42]．1回だけでなく複数回膜を貫通するタンパク質にも有効で，複合体形成も可能である．実際の細胞と相互作用するギャップジャンクション機能を，コネキシン（connexin）遺伝子から再構成したプロテオGUVを用いて発現した例も報告されている[43]．この手法は，全て *in vitro* 系でcDNAから直接巨大プロテオリポソームを構成することができることから，今後，有力な手法となる期待される．

10.4 組換えバキュロウイルスを用いたプロテオリポソーム作製法と利用

ここでは，組換え膜タンパク質をリポソームへ再構成する方法として，③の方法を紹介する．ガの幼虫に感染するバキュロウイルス（*Autographa californica* nucleopolyhedrovirus, AcNPV）と昆虫細胞（Sf 9細胞など）を用いた組換えタンパク質発現システムは，比較的安価に高等生物の産物を得られることから広く利用されている[45]．膜タンパク質を発現するには，市販キットを用いてN末端側のシグナル配列を含む全長のcDNAを組み込んだベクターを構築する．ウイルスゲノムDNAと共に昆虫細胞へ導入し，目的のcDNAを強力なポリヘドリンプロモーターの下流に組み込んだAcNPV出芽ウイルス粒子（budded virus, BV）を得る．タンパク質産生には，これを種として，培養細胞へ感染させる．BVは宿主細胞膜由来のエンベロープにくるまれた構造で出芽してくるため，発現された組換え膜タンパク質が，培養上清からショ糖密度勾配遠心などで分離したBV画分中に回収されることが知られている[46]．複数の遺伝子を組み込むことで，膜タンパク質の複合体もBVエンベロープ上に発現される[47-49]．

この組換え膜タンパク質を載せたBVエンベロープを，膜融合誘起性の糖タンパク質GP64の機能を用いて，リポソーム膜と融合させることで，プロテオリポソームが得られる[50,51]（図10.3）．GP64はウイルス感染のときエンドソーム内の弱酸性で活性化されるので，ウイルスの受容体となる酸性リン脂質（ホスファチジルセリン，ホスファチジルグリセロールなど）を含んだリポソームとBVをpH 4-5の緩衝液中で混和すると膜融合する[50,52]（図10.4）．LUV，GUVのどちらからでも"組換えプロテオリポソーム"を作製できる[53]．この方法を用いて，7回膜貫通型のGタンパク質共役型受容体（G-protein coupled receptor）であるGPCRのいくつかを，リポソーム上に再構成できている[50-53]．GPCRは細胞シグナル伝達経路の上流に位置する重要な膜タンパク質のファミリーで，多くの疾患に関係している．GPCRである甲状腺刺激ホルモン受容体（TSHR）は，甲状腺機能の異常を来す自己免疫疾患のバセドウ病や橋本病に関与する．これらの疾患患者はTSHRに対する自己抗体をもつ．サブミクロンサイズのヒトTSHR組換えプロテオリポソームを抗原として固定化した免疫測定によって，患者血清中

10.4 組換えバキュロウイルスを用いたプロテオリポソーム作製法と利用

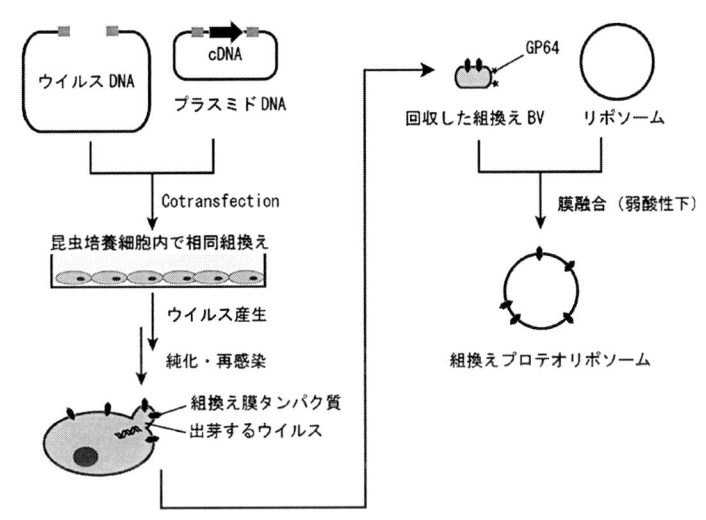

図10.3 組換えバキュロウイルスを用いたプロテオリポソーム作製手順

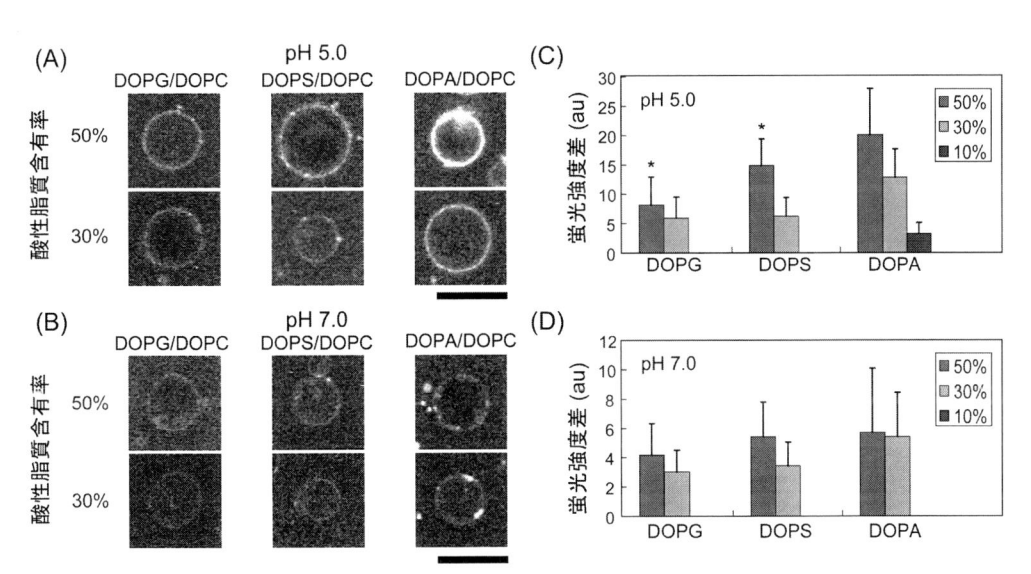

図10.4 Alexa Fluor 488で蛍光標識した野生型AcNPV出芽ウイルスエンベロープ粒子と巨大リポソームとの融合．共焦点レーザー顕微鏡画像（A，B）とリポソーム膜と背景との蛍光強度差のグラフ（C，D）から，電気的に中性のDOPC（dioleoylphosphatidylcholine）に酸性リン脂質DOPS（dioleoylphosphatidylserine），DOPG（dioleoylphosphatidylglycerol），DOPA（dioleoylphosphatidic acid）を含む巨大リポソームに，弱酸性条件下で融合することが分かる．バーは10 μm（文献[52]から許諾を得て転載）

の自己抗体を検出することに成功している[51]．アドレナリン$\beta 2$受容体（ADRB2）を組み込んだ巨大プロテオリポソームは，リガンド（蛍光標識アドレナリン）と特異的に結合できることから，リポソーム膜において正常な構造を保っていることが分かる[52]（図10.5）．

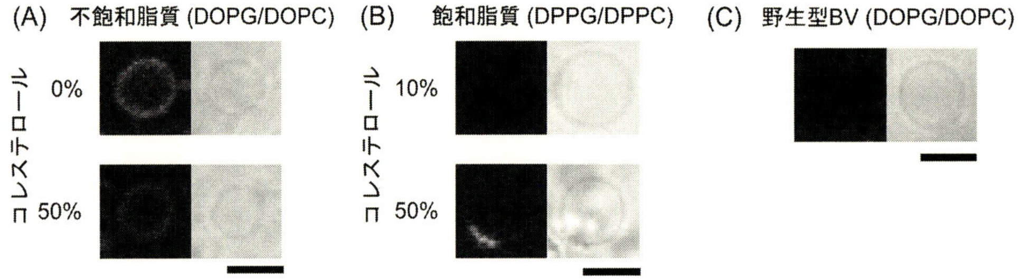

第10章 タンパク質研究における巨大リポソームの利用法

図10.5 蛍光標識リガンド（BODIPY630/650-conjugated β2 adrenaline receptor agonist）が結合した，アドレナリンβ2受容体（ADRB2）再構成巨大プロテオリポソームの共焦点レーザー顕微鏡像（左：蛍光，右：微分干渉）．AcNPV 出芽ウイルスエンベロープ粒子との融合挙動が脂質に依存するため，膜の蛍光強度と分布が異なる．不飽和炭化水素鎖をもつ脂質組成（DOPG/DOPC；A）では，コレステロール含有率の上昇によって融合が阻害される．飽和炭化水素鎖リン脂質 [dipalmitoylphosphatidylglycerol (DPPG)/dipalmitoylphosphatidylcholine (DPPC)；B] ではコレステロール含有率が高まると融合するが受容体分布は不均一となる．受容体のない野生型 AcNPV との融合リポソームは染色されない（C）．バーは 10 μm（文献[52]から許諾を得て転載）．

この方法の利点として，組換え膜タンパク質を可溶化することなく BV 画分として発現・回収して融合するため，リポソームを不安定化する界面活性剤などの混入がないこと，宿主細胞膜から出芽により形成される BV の特性から，膜に対する配向性が維持されること，が上げられる．一方，GP64 の受容体となる酸性リン脂質が必要であること，脂質組成（コレステロール含有量，脂肪鎖の飽和・不飽和度）に融合効率が依存すること，ウイルスタンパク質の混入が避けられない，などの問題点もある．cDNA が入手できれば，様々な膜タンパク質に適用可能であるため，機能再構成を中心とした研究・開発への利用価値が高いと期待される．既に，この方法で再構成したコネキシンをもつ巨大プロテオリポソームが，実細胞との相互作用試験に利用されており，細胞への物質輸送に成功している[54]．

10.5 おわりに

巨大リポソームは，細胞サイズであるため，光学顕微鏡の試料として用いることができる．形態変化や局所的な膜の状態変化を，リアルタイムで直接観察することができる．また，従来のリポソームでは，分光学的手法などによりアンサンブル平均として得られていた情報とは異なる，別角度からのデータに基づいた解析も可能となっている．特に，組換え膜タンパク質を利用することを前提とする巨大プロテオリポソーム再構成の手法は，多種多様の cDNA をバイオリソース機関から簡単に購入できる今日にあっては，細胞機能を模した膜システムが自在に構築できるようになることを期待させる．さらに，大量調製が可能となれば，構造解析への利用も対象となってくる．再構成法は，日々，新たに報告されており，ライフサイエンスにおけるこの人工細胞モデルの利用が珍しくなくなるだろう．

〈参考文献〉

1) M. Luckey, Membrane Structural Biology, Cambridge University Press (2008)
2) P. L. Luisi and P. Walde, eds., Giant Vesicles, John Wiley & Sons (2000)
3) H. Hotani et al., *Curr. Opin. Colloid Interface Sci.*, **4**, 358 (1999)
4) F. M. Menger and J. S. Keiper, *Curr. Opin. Chem. Biol.*, **2**, 726 (1998)
5) F. Menger and M. I. Angelova, *Acc. Chem. Res.*, **31**, 789 (1998)
6) R. Dimova et al., *J. Phys.: Condens. Matter*, **18**, S1151 (2006)
7) 湊元幹太, 人工血液, **18**(1), 15 (2010)
8) P. Walde et al., *ChemBioChem*, **11**, 848 (2010)
9) S. L. Veatch and S. L. Keller, *Biochim. Biophys. Acta*, **1746**, 172 (2005)
10) T. Heimburg, Thermal Biophysics of Membranes, Wile-VCH (2007)
11) P. Schön et al., *Biophys. J.*, **95**, 691 (2008)
12) K. Carvalho et al., *Biophys. J.*, **95**, 4348 (2008)
13) N. Kahya, *Biochim. Biophys. Acta*, **1798**, 1392 (2010)
14) D. J. Estes and M. Mayer, *Colloids Surf B Biointerface*, **42**, 115 (2005)
15) D. J. Estes and M. Mayer, *Biochim Biophys Acta*, **1712**, 152 (2005)
16) T. Shimanouchi et al., *Langmuir*, **25**, 4835 (2009)
17) T. J. Politano et al., *Colloids Surf B Biointerface*, **79**, 75 (2010)
18) K. Akashi et al., *Biophys. J.*, **71**, 3242 (1996)
19) K. Akashi et al., *Biophys. J.*, **74**, 2973 (1998)
20) N. Magome et al., *Chem. Lett.*, **26**, 205 (1997)
21) Y. Yamashita et al., *Biochim Biophys Acta*, **1561**, 129 (2002)
22) K. Tsumoto et al., *Colloids Surf B Biointerface*, **68**, 98 (2009)
23) N. Rodriguez et al., *Colloids Surf B Biointerface*, **42**, 125 (2005)
24) 野島庄七ほか編, リポソーム, 南江堂 (1988)
25) 寺田弘, 吉村哲郎編, ライフサイエンスにおけるリポソーム—実験マニュアル, シュプリンガー・フェアラーク東京 (1992)
26) 奥直人, リポソームの作成と実験法, 廣川書店 (1994)
27) 秋吉一成, 辻井薫監修, リポソーム応用の新展開〜人工細胞の開発に向けて〜, エヌ・ティー・エス (2005)
28) J.-L. Rigaud and D. Lévy, *Methods Enzymol.*, **372**, 65 (2003)
29) K. Higashi et al., *J. Biochem.*, **101**, 433 (1987)
30) C. Manuel and B. U. Keller, *FEBS Lett*, **224**, 172 (1987)
31) Y. Saito et al., *Biochem. Biophys. Res. Commun.*, **154**, 85 (1988)
32) A. H. Delcour et al., *Biophys. J.*, **56**, 631 (1989)
33) C. Berrier et al., *FEBS Lett*, **259**, 27 (1989)
34) G. Riquelme et al., *Biochemistry*, **29**, 11215 (1990)
35) P. Regueiro et al., *J. Neurochem.*, **67**, 2146 (1996)
36) G. Guihard et al., *FEBS Lett.*, **476**, 234 (2000)
37) A. R. Battle et al., *FEBS Lett.*, **583**, 407 (2009)
38) N. Kahya et al., *Biophys. J.*, **81**, 1464 (2001)
39) P. Girard et al., *Biophys. J.*, **87**, 419 (2004)

40) A. Varnier *et al.*, *J. Membrane Biol.*, **233**, 85 (2010)
41) V. Noireaux and A. Libchaber, *Proc. Natl. Acad. Sci. USA*, **101**, 17669 (2004)
42) S. M. Nomura *et al.*, *J. Biotechnol.*, **133**, 190 (2008)
43) M. Kaneda *et al.*, *Biomaterials*, **30**, 3971 (2009)
44) V. A. Seredyuk and F. M. Menger, *J. Am. Chem. Soc.*, **126**, 12256 (2004)
45) T. A. Kost *et al.*, *Nat. Biotechnol.*, **23**, 567 (2005)
46) T. P. Loisel *et al.*, *Nat. Biotechnol.*, **15**, 1300 (1997)
47) K. Masuda *et al.*, *J. Biol. Chem.*, **278**, 24552 (2003)
48) I. Hayashi *et al.*, *J. Biol. Chem.*, **279**, 38040 (2004)
49) T. Sakihama *et al.*, *J. Biotechnol.*, **135**, 28 (2008)
50) H. Fukushima *et al.*, *J. Biochem.*, **144**, 763 (2008)
51) H. Fukushima *et al.*, *J. Biosci. Bioeng.*, **108**, 551 (2009)
52) K. Kamiya *et al.*, *Biochim. Biophys. Acta*, **1798**, 1625 (2010)
53) K. Tsumoto and T. Yoshimura, *Methods Enzymol.*, **465**, 95 (2009)
54) K. Kamiya *et al.*, *Biotechnol. Bioeng.*, **107**, 836 (2010)
55) M. K. Doeven *et al.*, *Biophys. J.*, **88**, 1134 (2005)
56) K. Bacia *et al.*, *J. Biol. Chem.*, **279**, 37951 (2004)
57) D. Tareste *et al.*, *Proc. Natl. Acad. Sci. USA*, **105**, 2380 (2008)
58) N. Kahya *et al.*, *Biochemistry*, **44**, 7479 (2005)
59) L. Kalvodova *et al.*, *J. Biol. Chem.*, **280**, 36815 (2005)
60) S. Raffy and J. Teissié, *J. Biol. Chem.*, **272**, 25524 (1997)

第11章
インフルエンザウイルス感染増殖機構の解析

本田文江　(Ayae Honnda)
法政大学　工学部　生命機能学科　教授

11.1 ウイルスについて

　ウイルスはそのサイズが数十nmから1μmと小さく，通常の光学顕微鏡では観察できず，電子顕微鏡でのみ観察が可能であった（図11.1）．すなわち全て静止画像としてのみ観察できた．ところでウイルスはゲノムを持ち子孫を残すことはできるが，ウイルス粒子の中で自己増殖することはできない．細胞にはタンパク質や核酸合成に必要な基質を合成する系が存在するがウイルスには存在しないためである．ウイルスのゲノムサイズは小さく遺伝子の数は限られている．そのためウイルスの持つ遺伝子はウイルスが細胞内でウイルス特異的に自己複製するのに必要な遺伝子のみである．すなわち，ウイルスの増殖は細胞へ感染しその中の機構を利用してのみ自己増殖が可能となる．ウイルスは細胞の機能を持つものであれば感染し，増殖できる．細胞には動物，植物，微生物とさまざまであるが，それぞれの細胞に感染するウイルスが存在する．ここでウイルスのゲノムについて少し触れておく．ウイルスは細胞と異なりゲノムとしてRNAあるいはDNAを持つ．RNAをゲノムとして持つウイルスの場合，二本鎖と一本鎖のものがある．一本鎖のRNAをゲノムとして持つ場合プラス鎖とマイナス鎖の区別がある．プラス鎖とはmRNAのセンスを意味しタンパク質合成の鋳型になるRNAである．一方，マイナス鎖RNAはタンパク質合成の鋳型となり得ないため一度プラス鎖に転写される必要があるRNAである．ウイルスのゲノムによる分類を図11.2に示す．

　DNAをゲノムとして持つウイルスの多くは感染宿主細胞のDNA複製に関わるタンパク質を利用してウイルス独自のDNA合成を行う．一方，RNAをゲノムとして持つウイルスではRNAを鋳型としてRNA合成を行う酵素はほとんどないためウイルス独自のRNA依存RNA合成酵素遺伝子を持つ．プラス鎖のRNAをゲノムとして持つウイルスの場合感染細胞に侵入した時点で細胞内のリボソーム機構を利用し，まずウイルス独自のタンパク質合成を行い，

第 11 章　インフルエンザウイルス感染増殖機構の解析

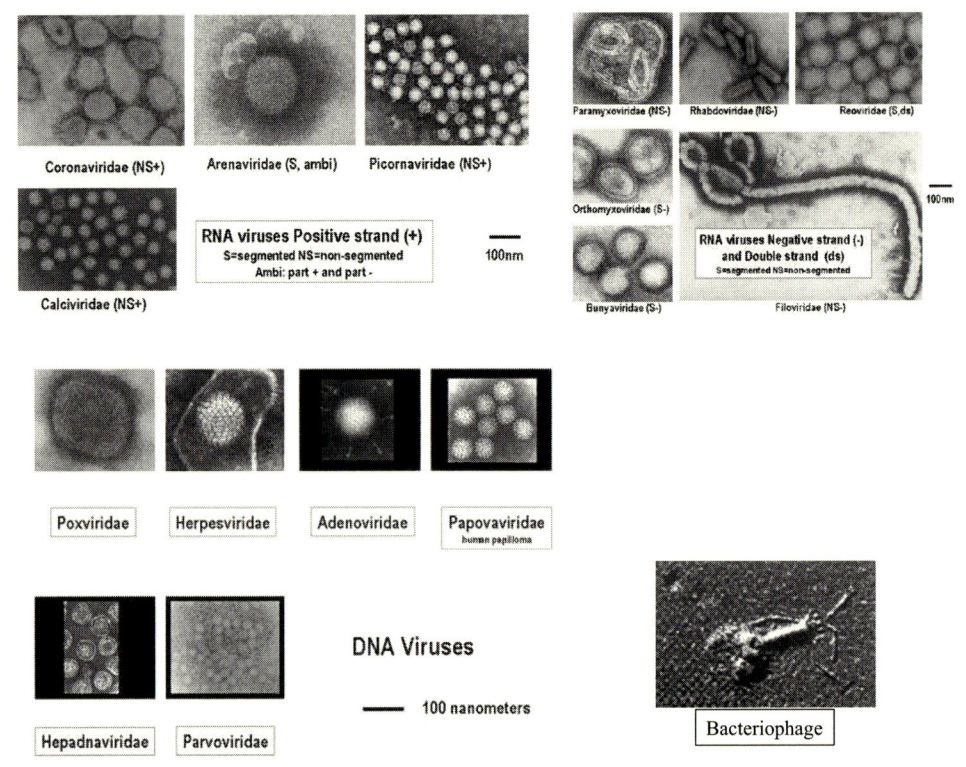

図 11.1　電子顕微鏡でみるウイルス．*Fields Virology* より引用．

新しく合成された RNA 依存 RNA 合成酵素でゲノムの複製を行う．プラス鎖ウイルスに対し，マイナス鎖のウイルスの場合，細胞に侵入後すぐに独自のタンパク質発現はできないため RNA 依存 RNA 合成酵素はウイルスゲノムに結合した状態で細胞に入り一旦プラス鎖合成（転写）を行う．ところでウイルスが感染細胞に侵入するには細胞に付着することが重要である．細胞膜には様々なタンパク質や糖鎖が存在し，細胞の外の様々な環境変化を認識したり，細胞に必要な物質を取り込んだりする役目を担っている．ウイルスはこれらをリセプターとして利用して細胞内に侵入する．それぞれのウイルスにはこれらリセプターに特異的に結合するタンパク質が存在しそれぞれのウイルスが複製できる細胞に侵入する．現在まで，多くのウイルスのリセプターについては明らかになっていない．このようにウイルスは独自のゲノムを持ち，特異的な細胞に侵入し，自己の複製を行う．

　本稿ではマイナス鎖 RNA をゲノムとし，動物細胞に感染し自己複製を行うインフルエンザウイルスを例に現在行われている研究の一旦を紹介していく．

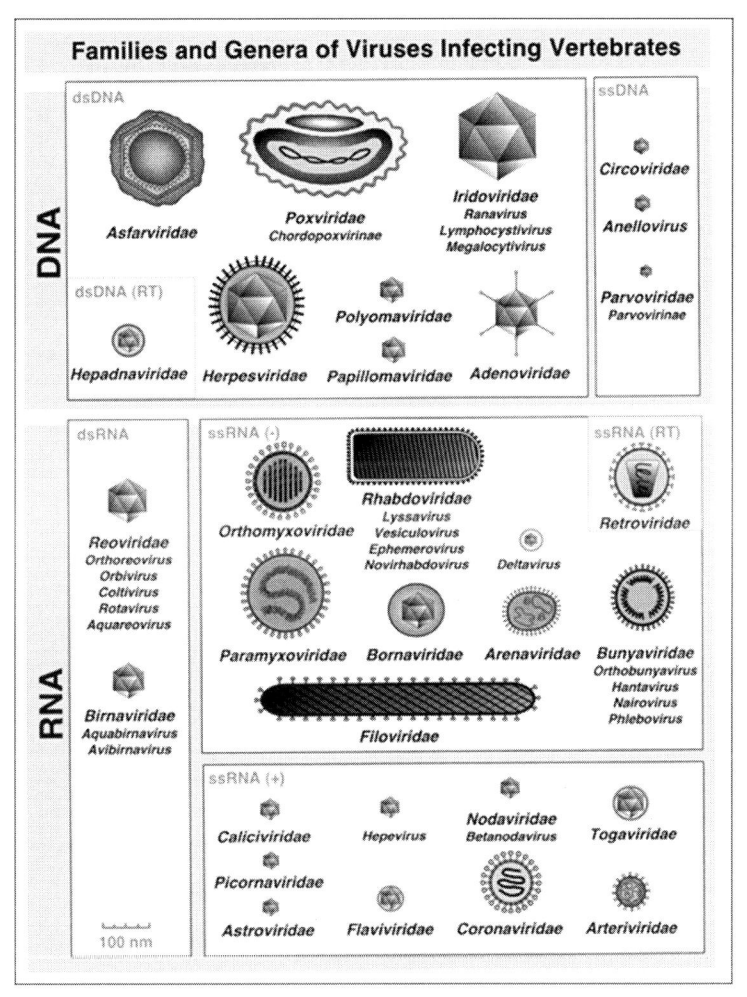

図 11.2 脊椎動物に感染するウイルスの種類．*Fields Virology* より引用．

11.2 インフルエンザウイルスについて

インフルエンザウイルス粒子はサイズが約 100 nm で不定形の粒子である．図 11.3 で示されるようにインフルエンザウイルス粒子は脂質二重膜で覆われている．この脂質二重膜は感染細胞からウイルスが放出される時にウイルスが被ってくる細胞膜由来で，膜には血球凝集素（HA）とノイロアミニダーゼ（NA）タンパク質がスパイク上に突き出ている．両タンパク質ともインフルエンザウイルスの遺伝子にコードされている．インフルエンザウイルスは細胞膜上のシアル酸分子に HA を介して結合し細胞に侵入する（図 11.4）．NA は HA とシアル酸の結合を切断する活性を持ちインフルエンザウイルスが細胞から放出される時に重要な役割を果たす．インフルエンザウイルスのゲノムは 8 分節からなり，各分節が少なくとも一種類のタ

第11章 インフルエンザウイルス感染増殖機構の解析

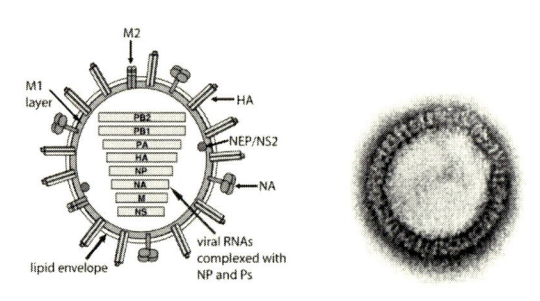

図11.3 インフルエンザウイルス粒子構造. *Fields Virology* より引用.

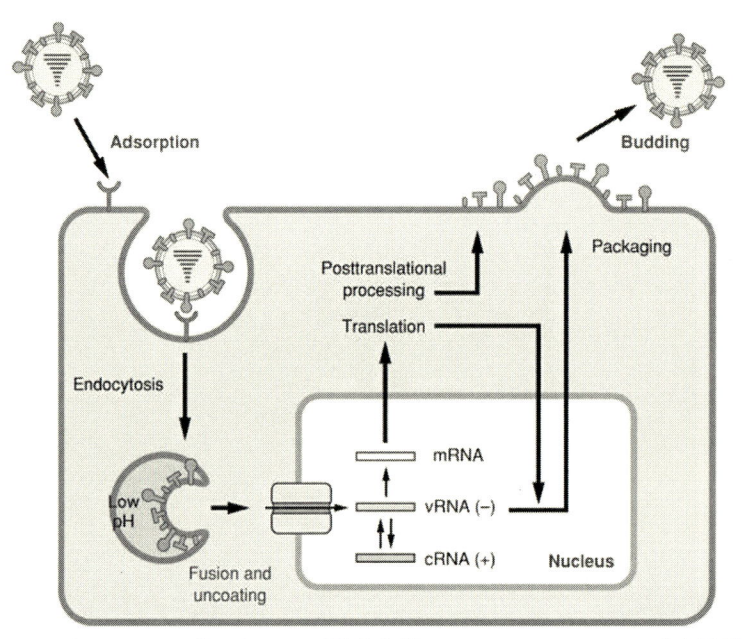

図11.4 インフルエンザウイルスの感染と出芽モデル. *Fields Virology* より引用.

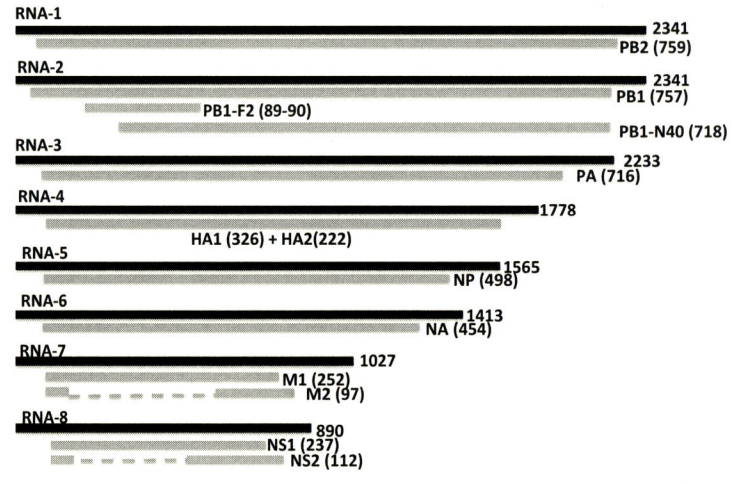

図11.5 インフルエンザウイルスゲノムとコードしているタンパク質.

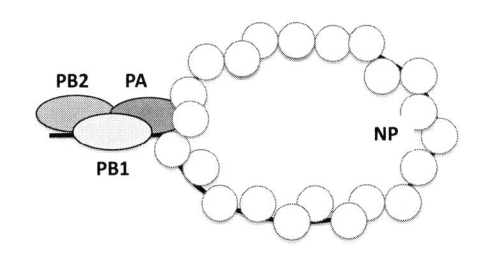

図 11.6　インフルエンザウイルス vRNP の構造.

ンパク質をコードしている（図 11.5）．インフルエンザウイルス特異的 RNA 依存 RNA ポリメラーゼは RNA 分節 1, 2, 3 にコードされるタンパク質 PB2, PB1, PA が一分子ずつ集合した複合体として機能する．インフルエンザウイルス粒子内には各ゲノム分節のダブルストランド領域に結合したウイルス RNA 依存 RNA ポリメラーゼとゲノム RNA に結合した NP からなる vRNP 複合体が存在する（図 11.6）．

11.3　インフルエンザウイルスの細胞への侵入とウイルスゲノムの転写・複製

　インフルエンザウイルスはウイルス膜表面に突き出ている HA が細胞膜表面のシアル酸に結合することにより細胞への侵入を開始する．細胞はシアル酸に結合したウイルス粒子をエンドサイトーシスにより細胞内に取り込む．細胞内に取り込まれたウイルス粒子はエンドソームとして微小管上をダイニンというタンパク質により運ばれ，核の近傍で HA とエンドソームの膜に存在するペプチドとの結合により融合し，ゲノム複合体 vRNP を放出する（図 11.7）．放出された vRNP は細胞質から核内への搬入に必要なインポーチンの一種カリオフェリン α, β により核内に運ばれる（図 11.8, 参考文献 Virology, Fields）．核内では vRNP のインフルエンザウイルス RNA ポリメラーゼによりウイルス RNA を鋳型として 2 種類の RNA, mRNA と相補鎖 RNA (cRNA) が合成される．mRNA 合成はインフルエンザウイルス RNA ポリメラーゼが宿主細胞の capped RNA に結合し，インフルエンザウイルス RNA ポリメラーゼの機能の一つエンドヌクレアーゼにより cap の位置から 12-13 塩基で切断し，cap のついた断片をプライマーとして RNA 合成を開始し，5' 側にある U rich 領域で RNA 合成を終結し polyA を付加する（図 11.9）．cRNA 合成は mRNA 合成と異なりウイルスゲノムに相補的な RNA の合成でプライマー非依存的に合成を開始し，U rich 領域を通過しゲノムの最後の塩基まで合成する．合成された cRNA は子孫ゲノム合成の鋳型となる（図 11.9）．

11.4　インフルエンザウイルスと相互作用する宿主タンパク質局在の観察

　インフルエンザウイルス RNA ポリメラーゼと相互作用する宿主タンパク質 Ebp1 を例にと

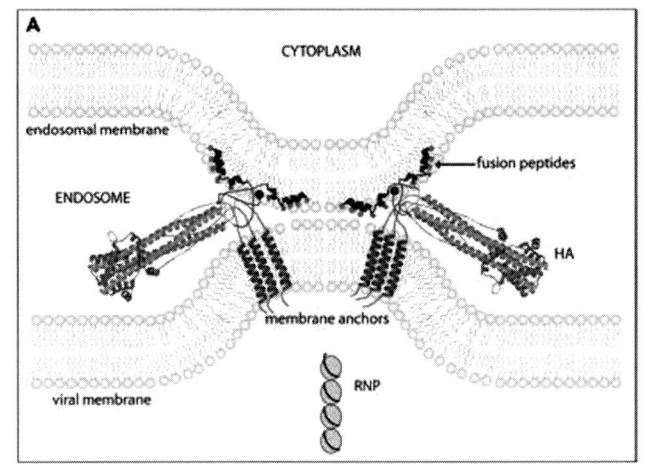

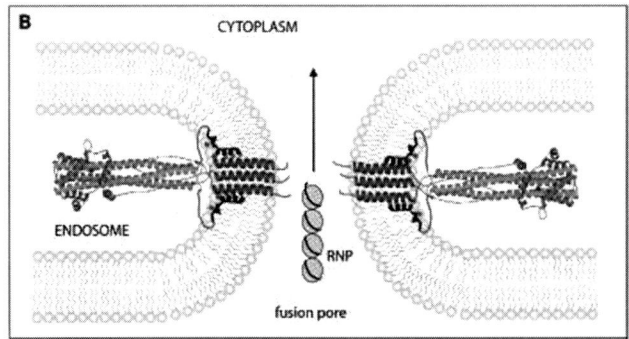

図 11.7 インフルエンザウイルス膜とエンドソーム膜の融合モデル．*Fields Virology* より引用．

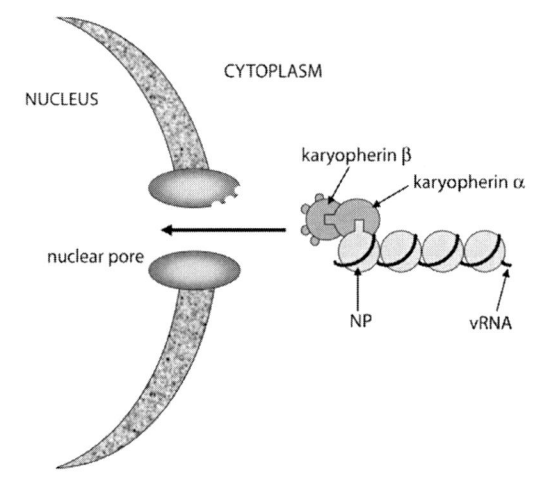

図 11.8 インフルエンザウイルス vRNP の核内への移行モデル．*Fields Virology* より引用．

11.5 インフルエンザウイルス感染による宿主タンパク質の発現誘導の顕微鏡的解析

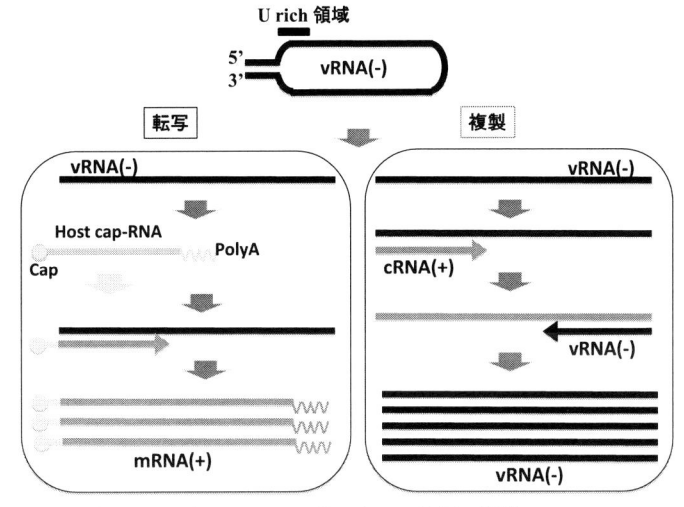

図11.9 インフルエンザウイルス転写・複製モデル.

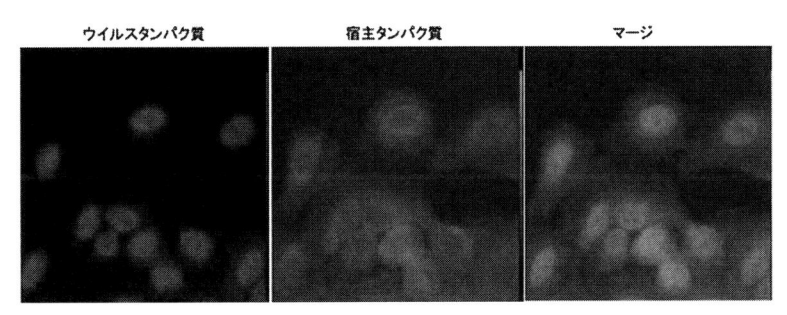

図11.10 宿主タンパク質Ebp1とインフルエンザウイルスポリメラーゼの局在. 各タンパク質に対する抗体で細胞を染色するとそのタンパク質が存在するところが明るいグレイとなっている. より明るい部分が局在する量が多いことを示す.

り説明する. 細胞内局在を知るための一般的な方法として免疫染色法がある. この方法を用いるには目的のタンパク質に対する抗体の作製が必要である. Ebp1の細胞内局在を観察するには細胞をパラフォルムアルデヒドで固定し, 界面活性剤などで細胞を処理し, 抗体を細胞内に入れ, 蛍光顕微鏡で観察する (図11.10)[1]. また細胞内の挙動を追跡するためにはEbp1に蛍光タンパク質を融合させ細胞内で発現するプラスミドを細胞に導入し, 蛍光顕微鏡でリアルタイムで追跡観察する.

11.5 インフルエンザウイルス感染による宿主タンパク質の発現誘導の顕微鏡的解析

インフルエンザウイルス感染により発現誘導されるタンパク質の解析はウイルス感染・非感染細胞を集め, タンパク質発現量の変化は基準になるタンパク質と比較した相対量として解析

第11章 インフルエンザウイルス感染増殖機構の解析

する方法がある．細胞内タンパク質の発現量の相対的比較には細胞のタンパク質をSDSゲル電気泳動後ウェスタンブロッティングによりメンブランにタンパク質を移し，まずタンパク質特異的抗体で染色し，2次抗体に蛍光標識あるいは化学反応により発行させる方法で検出しその強度を計測する方法がある．単一細胞内での発現量の比較として，細胞をパラフォルムアルデヒドで固定後，界面活性剤で処理しタンパク質特異的抗体で染色し，2次抗体に標識した蛍光を蛍光顕微鏡で検出しその強度で相対的発現量を比較する方法がある．ここでインフルエンザウイルスタンパク質に対する抗体とEbp1に対する抗体を用いて単一細胞内でのインフルエンザウイルス感染によるEbp1発現量の比較をした実験を説明しよう．インフルエンザウイルス感染後6時間たった細胞を固定し，ウイルスタンパク質に対する抗体とEbp1に対する抗体で染色し，蛍光顕微鏡下で計測するとEbp1発現量はインフルエンザウイルスタンパク質の量に比例して多いことがわかった．またタンパク質発現量は遺伝子発現量に概ね相関していることからEbp1遺伝子のプロモーターの下流に蛍光指標タンパク質（GFP）を挿入し，GFPの発現量として計測する方法もある（図11.11）．また，インフルエンザウイルス感染によるEbp1発現誘導をEbp1遺伝子のプロモーター下流にGFPを挿入したプラスミドを細胞に導入しインフルエンザウイルス感染を行い，各時間でのGFPの発現とウイルスタンパク質の発現量を追跡しインフルエンザウイルス感染によるEbp1の発現が誘導されたかどうかを解析することができる（図11.12）．さらに単一細胞での遺伝子発現量の比較としてインフルエンザウイルス感染細胞からRNAを抽出しRT-PCRという方法もできる．これら異なる方法で計測した結果は同じで，インフルエンザウイルス感染により宿主タンパク質Ebp1の発現誘導が起こることがわかった．

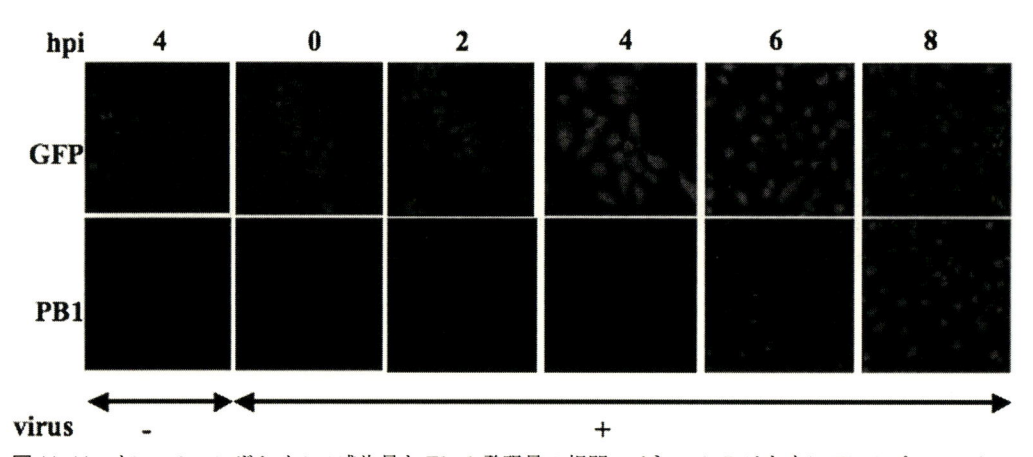

図11.11 インフルエンザウイルス感染量とEbp1発現量の相関．パネルA, BはともにEbp1プロモーター下流につないだGFPの発現を示している．明るいほど発現量が多いことを示す．パネルCはウイルスタンパク質の発現量を示している．発現量が多いほど明るく見える．

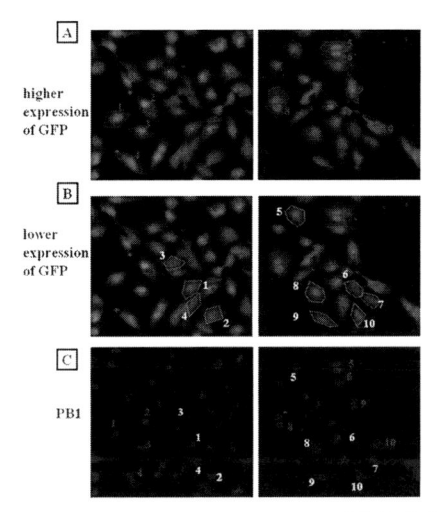

図 11.12 インフルエンザウイルス感染と宿主細胞タンパク質 Ebp1 の発現誘導．GFP，PB1 ともにグレイになっている．

11.6 インフルエンザウイルスの動きを蛍光顕微鏡で観察

　インフルエンザウイルスは細胞由来の脂質二重膜で覆われている．この構造を利用し，脂質二重膜に挿入される蛍光物質でインフルエンザウイルスを標識すると蛍光顕微鏡の 100 倍の対物レンズでウイルスが観察できる．Lakadamyali らはウイルス膜とウイルス粒子内を蛍光物質で標識し，細胞に結合し侵入したインフルエンザウイルスが細胞質内のどこで脱殻するかを蛍光顕微鏡観察により明らかにした．さらにエンドソームに入ったウイルス粒子がどのようにして核近傍に搬送されるかを生化学的解析により明らかにした．彼らの研究からエンドソームに入ったインフルエンザウイルスは微小管上をダイニンにより核近傍まで搬送され，核膜近傍で脱殻することを明らかにした[2]．当研究室ではインフルエンザウイルス粒子を蛍光標識後，1064 nm の光ピンセットで捕捉し細胞へ搬送，感染の成立を観察できるシステムを確立している（図 11.13）[3]．

第 11 章 インフルエンザウイルス感染増殖機構の解析

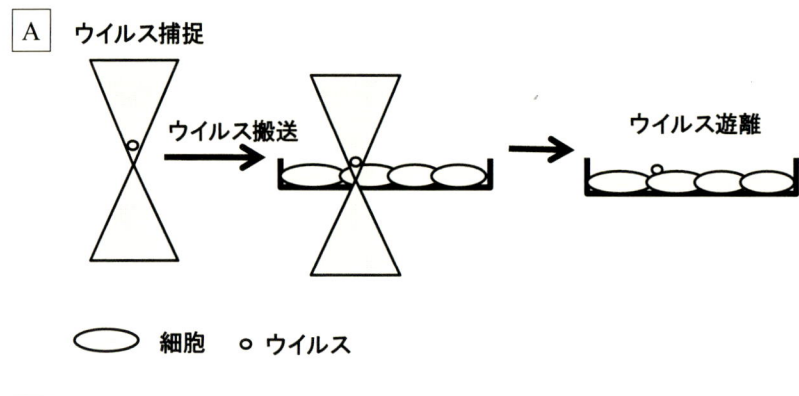

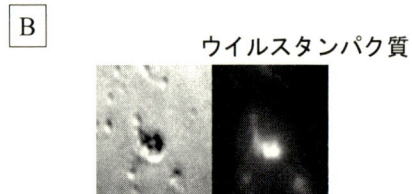

図 11.13 光ピンセットにより搬送されたウイルス粒子が付着した細胞で増殖．A：光ピンセットによるウイルス捕捉・搬送の概念図，B：光ピンセットにより捕捉・搬送されウイルス感染した細胞でウイルス蛋白質発現を免疫染色した画像．

謝辞

　名古屋大学工学部福田教授，京都大学大学院理学研究科吉川研一教授，法政大学石浜明特任教授にインフルエンザウイルス感染の仕組みを解析する上で工学部との共同研究の場を提供して頂きましたことに感謝いたします．

〈参考文献〉
1)　A. Honda, Localization of Ebp1 *J. Bioteck*（2009）
2)　M. Lakadamyali *et al.*, *Proc. Natl. Acad. Sci.*, **100**, 9280-9285（2003）
3)　A. Ichikawa *et al.*, *J. Robotics and Mechatronics*, **19**, 569-576（2007）

第12章
バイオ世界における自己組織化を利用した
ナノ構造・鋳型技術の進展

ジンチェンコ アナトーリ （Zinchenko Anatoly）
名古屋大学　大学院環境学研究科　准教授

鎌田宏幸　（Hiroyuki Kamata）
名古屋大学　大学院環境学研究科　博士前期課程

12.1　はじめに

　生体機能の根幹を担う生体物質は，近年，新規ナノ構造体を構築する際の鋳型としても注目を集めている．進化の過程で生まれた生体物質は，天然の状態で特異的なナノ構造を有するだけでなく，ナノスケールで意図的に自己組織化させることで多種多様なナノ構造体となる．それらの物質が有する構造は，現在の科学技術をもってしても，加工の際に光波長の制限を受けるため，ゼロから作り上げることは非常に困難である．そのため，それらを鋳型として合成された物質もまた異なる経路では合成が難しい物質となる．本章では，生体物質の自己組織化に注目し，そこに形成されるナノ構造を利用した鋳型技術の進展について解説する．

12.2　バイオテンプレート法とバイオテンプレートの多様性

　ナノ構造を構築するためのアプローチは，トップダウン法とボトムアップ法（top-down and bottom-up methods）に大きく分類することができる．大きなものを小さなものへと加工していくトップダウン法では，ナノスケールでの加工の精度に限界が生じるため，現在の技術では約 50 nm 以下の微細加工が不可能である．一方，もともとナノ構造を有する物質を鋳型としてボトムアップ法で物質を構築すれば，ナノ物質のサイズ制限問題は解決することができる．ある物質を鋳型として創製された新規材料は，ナノ電極，光結晶，センサー，ナノバイオチップなどといったナノテクノロジー分野での利用が進んでいる．

第12章 バイオ世界における自己組織化を利用したナノ構造・鋳型技術の進展

近年，自然界や生物からヒントを得て有用な物質を作り上げるという，いわゆる生体模倣技術（biomimetic approach）が発展してきている．自然界には金属ナノ粒子を生体内で合成する微生物がいるなど[1]，生物から得られるヒントは将来の材料科学を考える上で，大変貴重なものである．一方，自然界に存在する生体物質を鋳型として，新たな材料を創製する手法をバイオテンプレート法（biotemplating）という．生体物質はナノスケールの特異的な構造を示すため，それらを鋳型として得られる物質は他の手法では構築し難い特異的な形状を受け継ぐことになる．生体物質の多様性から容易に推測できるように，バイオテンプレート法によって得られる構造にはほぼ限りがない．また，自然界に存在する物質を利用するため，資源としては豊富に存在するといった特長もある．

これまでに生体物質を鋳型として合成が達成されているナノ物質を表12.1にまとめた．ナノ物質は，それらの形状から0次元，1次元，2次元，3次元構造体に分類される．中でも生体物質単独での使用が最も簡単であり，DNAや線状タンパク質などは1次元無機ナノワイヤーの合成に単独で頻用されている．一方，生体物質の自己組織化によって形成される鋳型を利用する場合には，短鎖DNAや球状タンパク質を用いて空間秩序構造体を構築することが多い．

生体高分子を無機化することで合成されるナノ物質の中では，とりわけ1次元ナノ物質が圧倒的に多い．1次元ナノ物質とは直径がナノメートルスケールの線状の物質である．生体高分子の無機化では，単純な線状であるナノワイヤーや，規則的にナノ粒子が配列した1次元ナノ粒子配列構造などが例として挙げられる．

1次元ナノ物質であるDNAは，それ自体をナノワイヤー構造と見なすことができるため，DNAに無機材料を成長させることで無機ナノワイヤーを構築できる．これまで，DNA上にナノ粒子を配列させるといったものに始まり[2]，DNAに金，銀，Pd，Pt，Co，Au-Ag合金などの金属原子を成長させるナノワイヤー合成といったものが報告されている[3-8]（図

表12.1 鋳型となる生体物質および構築されるナノ構造の多様性．

鋳型物質	0次元構造	1次元構造	2次元構造	3次元構造
DNA RNA	・金属ナノ粒子	・金属ナノワイヤー ・金属ナノリボン	・DNA折り紙（2次元パターン） ・2次元ナノ粒子アレイ	・金属ナノリング ・DNA折り紙（ナノボックス等）
タンパク質	・金属ナノ粒子	・金属ナノワイヤー	・2次元シート ・2次元ナノ粒子アレイ	・金属ナノリング
脂質	−	・金属ナノワイヤー ・らせん構造ナノ粒子アレイ	−	−
微生物	・金属ナノ粒子	・金属ナノワイヤー	−	・3次元ナノ粒子アレイ

12.2 バイオテンプレート法とバイオテンプレートの多様性

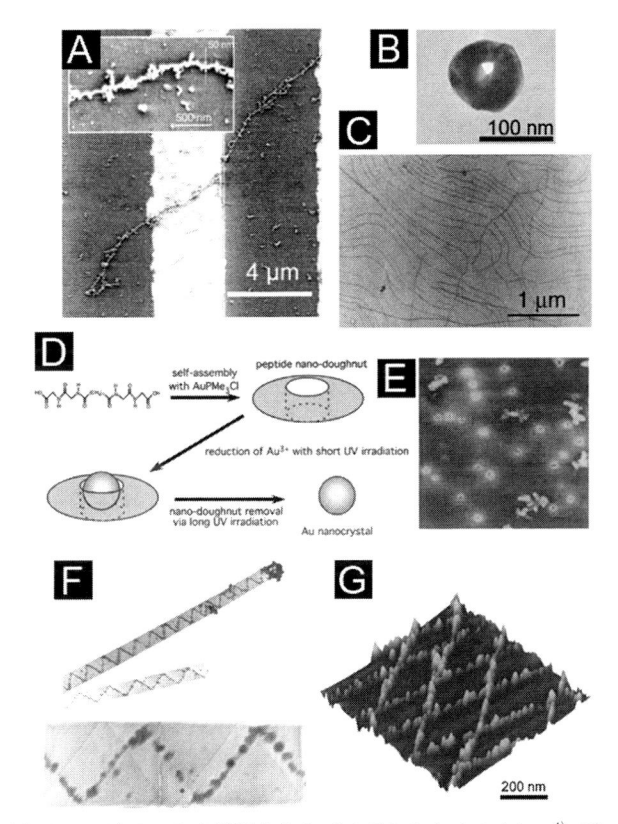

図12.1 A) DNAを鋳型としたパラジウムナノワイヤー[4]，B) DNA凝縮体を鋳型とした銀ナノリング[10]，C) タンパク質を鋳型としたナノワイヤー[13]，D, E) ドーナツ状タンパク質中での金ナノ粒子合成（D）およびAFM像（E）[17]，F) 脂質らせん繊維の金属化[20]，G) DNAを鋳型としたPdナノワイヤーの2次元アレイ[28].

12.1A）．これらが示すように，無機材料の質量を変更することで，ナノ粒子が高分子上に配列する無機ナノ粒子配列構造といったものから，金属でコーティングされたナノワイヤーの合成といったものまで，鋳型上に形成される構造を調節することができる．また，DNAの金属化にあたっては，UV照射による光化学的な反応制御も達成されている[9]．ここで注意すべきは，テンプレート法によって得られる物質は，あくまでも鋳型の構造に依存することである．例えば，二重らせんDNAの直径は2 nmであるため，それを鋳型として合成されるナノワイヤーの直径は数nmから数十nm程度となる．DNAの興味深い性質として，長鎖DNAは高次構造転移によってトロイド状やロッド状のナノ構造体を形成するため，これらの無機化を行えば，同様の形態の無機ナノ物質が合成できる．このような手法で，トロイド状の金や銀のナノリング（図12.1B）の合成がこれまでに達成されている[10, 11]．

単純な一段階のテンプレート法と異なり，第一の鋳型上に構築された構造が第二の鋳型と

第 12 章 バイオ世界における自己組織化を利用したナノ構造・鋳型技術の進展

なって，より複雑な構造体を形成するといった二重テンプレート法も存在する．例としては，DNA にカーボンナノチューブを付加させた後に，DNA を選択的に無機成長させるといった二重テンプレート法が報告されている[12]．

線状タンパク質は，DNA と同様に 1 次元ナノ物質の鋳型としての利用例が数多く存在する．一例を挙げると，アミロイド繊維の金属化による金ナノワイヤーの構築や[13]（図 12.1C），チューブリンの金属化による銀ナノシリンダーおよび銀ナノリングの合成などがある[14]．

タンパク質の無機化過程では，鋳型の表面上でのナノ物質合成だけでなく，鋳型内部でのナノ物質合成の実例がある．チューブ状タンパク質を用いれば，その空洞に金属を成長させることで金属ナノワイヤーを得ることができる[15,16]．短鎖ポリペプチドからなるリング状の物質をナノリアクターとして利用すれば，リングの空洞中で単分散のナノ粒子が合成される[17]（図 12.1D, E）．同様に，ケージ状タンパク質の隙間に単分散 CdSe ナノ粒子を合成するといったことも報告されている[18]．この方法を用いた場合，鋳型タンパク質の中で成長する貴金属クラスターは高い触媒活性を示すため，オレフィンの水素化等に利用可能である[19]．ここで注目すべきは，鋳型となる物質の空洞や隙間といった構造を適切に改良することで，そこに形成される物質の粒径・形状が制御可能になるという点である．

脂質を鋳型として用いる場合もある．DNA やタンパク質と異なり，脂質は 1 次元構造を持たないため，通常，低分子脂質は鋳型として使用されない．しかしながら，脂質集合体の形態制御に関する研究は盛んに行われているため，それらを鋳型とした構造体には大きな魅力がある．例えば，らせん構造を有する脂質を金属化することで，ナノ粒子がらせん状に配列したナノ構造体（図 12.1F）が得られるといったものや[20]，脂質をチューブ状に形態制御し，その金属化によってナノワイヤーを合成するといった例がある[21]．

他の生体分子を鋳型とするのと同様に，ウイルスなどの微生物を鋳型とすることも可能である．これまでに多数のウイルスが同定されてきたが，それらは我々の世界に存在するものの極一部に過ぎないと言われている．このことは，これらを鋳型として用いることで，将来にわたって無数のナノ構造体の構築が可能であることを示唆するものである．他の生体分子の場合と同様に，線状ウイルスであるバクテリオファージを ZnS や CdS，Co-Pt といった金属でコーティングすることで，金属ナノワイヤーを得ることができる[22]．また，らせん状ウイルスであるタバコモザイクウイルス（TMV）の空洞に Ni や Co のナノワイヤーを構築するといった試みもなされている[23]．これまでの生物学的知見から，バクテリオファージは遺伝子改変によって構造を調整することが可能であるため，様々な形態の鋳型として利用できる．例えば，バクテリオファージを遺伝子改変によってスポンジ状ウイルスとし，それを鋳型とすると，ウイルス表面に単分散の Co-Pt ナノ粒子が得られる[24]．表面に金属親和性部位を設けたウイルスを用いれば ZnS がウイルス表面に自己組織化的に付着し，金属ナノワイヤーが形成される[25]．同様の手法で合成された Au-Co 合金ナノワイヤーはリチウムイオン電池の電極としての利用

も検討された[26]．金属以外にも，表面にアミンを有する線状ウイルスである fd ファージを用いればシリカナノロッドを得ることができる[27]．

12.3 自己組織化とテンプレート法の融合による2次元・3次元ナノアレイの構築

　バイオテンプレート法によってこれまでに合成されているナノ物質は1次元のものが圧倒的であるが，1次元ナノ物質の構築に適用される技術は2次元や3次元のナノ構造体にも展開することが可能である．すなわち，鋳型自体を2次元や3次元に構築することができれば，それらを鋳型として2次元・3次元の新たなナノ構造体を構築できる．最も簡単な方法としては，ガラスや雲母の基板上にDNA溶液を流し出すことで，DNAの1次元並列配置構造や2次元格子構造を構築することができる[28]（図12.1G）．これらのDNA構造体は，DNAチップなどの医療分野への応用が考えられるのは勿論のこと，続けて金属化することで1次元の並列金属ナノワイヤーや2次元の金属ナノアレイ構造を得ることができる．この技術は将来のナノデバイスやナノ電子回路の構成要素を接続する素材としての応用が期待される．

　DNAの自己認識メカニズム，すなわち塩基対間の相補的な相互作用のみによって，多数のDNA鎖が自己組織化的に高秩序ナノ構造体を形成するといった技術が開発された．この技術はDNA折り紙（DNA origami）と呼ばれる．DNA折り紙は，塩基配列の操作による数nmサイズの単純な2次元格子の形成に始まり[29]，現在では，計算機によって塩基配列をプログラム化したDNAを用いれば2次元構造を自在に設計することが可能である[30,31]．更に，この概念は3次元DNAナノ構造にも拡張され，22 nm DNAの8面体[32]や，40 nmの箱状のDNAナノボックス[33]といった構造体がコンピュータデザインによって次々と合成された．また，個々の3次元ナノ構造体だけでなく，DNAの3次元結晶格子を正確に4 Åで構築するといった報告もなされている[34]．

　DNA折り紙は，DNA単独での利用に限らず，2次元・3次元のナノ粒子アレイ合成にも利用される．例えば，DNAに金ナノ粒子を結合させたDNA—金ナノ粒子複合体を用いて6角形のDNA骨格を構築することで，金ナノ粒子を規則的に空間配向させることに成功している[35]．それとは別の方法で，DNA折り紙によって構築された1次元DNA上で，接着剤のように働くタンパク質を介せば，DNAと金ナノ粒子を結合できることが示されている[36]．同様に，ホチキスの役割を果たす小さなDNAの欠片を導入することで，金や銀のナノ粒子をDNAに位置選択的に結合させることが可能となった[37,38]（図12.2A）．それによって，2次元DNAシート上にナノ粒子アレイを自在に配置することに成功している[39,40]（図12.2B）．そのほか，DNA折り紙の要領でリボン状の格子構造を持つ1次元ナノワイヤーおよび2次元格子を構築し，それらを銀でコーティングすることで，良導電性を示す銀ナノワイヤーが得られるといった報告もなされている[41,42]．このように，DNA折り紙の出現によって，DNAの高次構

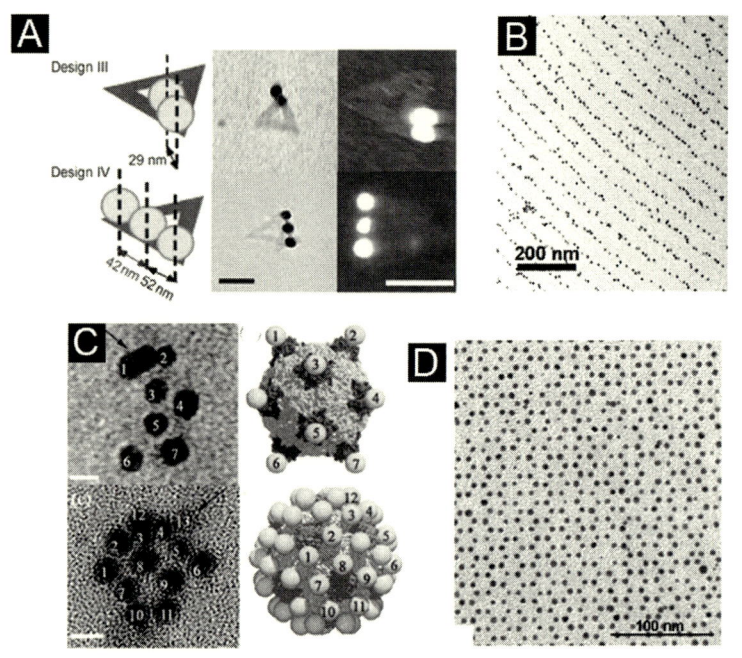

第12章 バイオ世界における自己組織化を利用したナノ構造・鋳型技術の進展

図 12.2 A) DNA 折り紙によって配向した金ナノ粒子[38], B) DNA 折り紙によって配向した金ナノ粒子アレイ[39], C) ウイルス表面で選択的に成長した金ナノ粒子[45], D) バクテリアの S 層上で自己組織化するナノ粒子の長距離秩序アレイ[49].

造が制御可能になっただけでなく，それらを鋳型とすることでナノ構造体をも自由自在に制御できる可能性が示唆されたのである．

　2次元・3次元ナノ粒子アレイの構築には，微生物やタンパク質などを用いたものも考案されている．微生物やタンパク質は，これまでの知見により構造を改変することが可能であるため，2次元・3次元的に規則正しい秩序を持った構造を作り上げることが出来る．すなわち，それらを鋳型とすれば，秩序ある2次元・3次元のナノ粒子アレイを自在に構築することができる．タンパク質は，本来の構造に加えて，これまでの生化学的な知見により3次元構造を改良することが可能である．例えば，改良されたシャペロンタンパク質はリング状の細孔を持った2次元シートへと自己組織化するため，この細孔にナノ粒子を成長させれば2次元のナノ粒子アレイが得られる[43,44]．球状ウイルスであるササゲモザイクウイルス（CPMV）の表面に規則正しい細孔を持たせた変異体では，ウイルス表面に規則正しく金ナノ粒子を自己組織化的に成長させることが可能である[45]（図 12.2C）．線状ウイルスであるバクテリオファージの片側に亜鉛を結合させると，亜鉛部位を中心としたミセル状の量子ドットへと自己組織化的に変化するといったことも報告されている[46]．そのほか，金でコーティングされたバクテリアの S 層（細胞外皮）に電子線を照射すると，コーティング由来の金ナノ粒子が2次元格子状に得られるといったことも見出されている[47-49]（図 12.2D）．

132

12.4 おわりに

以上のように，バイオテンプレート法によって構築可能なナノ構造体にはほぼ限りがないことが理解いただけよう．生体物質の階層的な高次構造組織化，その組織化によって発生する機能，化学的認識メカニズム等をうまく利用すれば，将来の様々な機能システムおよびデバイス等の開発に大きく貢献することは疑う余地がない．

〈参考文献〉

1) D. Mandal et al., *Appl. Microbiol. Biot.*, **69**, 485-492（2006）
2) S. J. Xiao et al., *J. Nanopart. Res.*, **4**, 313-317（2002）
3) J. Richter et al., *Adv. Mater.*, **12**, 507-510（2000）
4) J. Richter et al., *Appl. Phys. Lett.*, **78**, 536-538（2001）
5) M. Mertig et al., *Nano Lett.*, **2**, 841-844（2002）
6) J. Richter, *Physica. E*, **16**, 157-173（2003）
7) Q. Gu et al., *Nanotechnology*, **16**, 1358-1363（2005）
8) M. Fischler et al., *Small*, **3**, 1049-1055（2007）
9) A. A. Zinchenko et al., *Chem. Lett.*, **37**, 1096-1097（2008）
10) A. A. Zinchenko et al., *Adv. Mater.*, **17**, 2820-2823（2005）
11) T. C. Preston et al., *Langmuir*, **26**, 10250-10253（2010）
12) K. Keren et al., *Science*, **302**, 1380-1382（2003）
13) T. Scheibel et al., *P. Natl. Acad. Sci. USA*, **100**, 4527-4532（2003）
14) W. Habicht et al., *Surf. Interface Anal.*, **38**, 194-197（2006）
15) M. Reches et al., *Science*, **300**, 625-627（2003）
16) M. T. Kumara et al., *J. Phys. Chem. C*, **111**, 5276-5280（2007）
17) R. Djalali et al., *J. Am. Chem. Soc.*, **126**, 7935-7939（2004）
18) I. Yamashita et al., *Chem. Lett.*, **33**, 1158-1159（2004）
19) T. Ueno et al., *Angew. Chem. Int. Edit.*, **43**, 2527-2530（2004）
20) Y. M. Lvov et al., *Langmuir*, **16**, 5932-5935（2000）
21) S. L. Browning et al., *J. Appl. Phys.*, **84**, 6109-6113（1998）
22) C. B. Mao et al., *Science*, **303**, 213-217（2004）
23) M. Knez et al., *Nano Lett.*, **3**, 1079-1082（2003）
24) S. K. Lee et al., *Biomacromolecules*, **7**, 14-17（2006）
25) C. B. Mao et al., *P. Natl. Acad. Sci. USA*, **100**, 6946-6951（2003）
26) K. T. Nam et al., *Science*, **312**, 885-888（2006）
27) Z. K. Zhang et al., *Small*, **3**, 424-428（2007）
28) Z. X. Deng et al., *Nano Lett.*, **3**, 1545-1548（2003）
29) E. Winfree et al., *Nature*, **394**, 539-544（1998）
30) P. W. K. Rothemund, *Nature*, **440**, 297-302（2006）
31) B. Hogberg et al., *J. Am. Chem. Soc.*, **131**, 9154-9155（2009）

32) W. M. Shih *et al.*, *Nature*, **427**, 618-621 (2004)
33) E. S. Andersen *et al.*, *Nature*, **459**, 73-U75 (2009)
34) J. P. Zheng *et al.*, *Nature*, **461**, 74-77 (2009)
35) F. A. Aldaye *et al.*, *Angew. Chem. Int. Edit.*, **45**, 2204-2209 (2006)
36) H. Y. Li *et al.*, *J. Am. Chem. Soc.*, **126**, 418-419 (2004)
37) B. Q. Ding *et al.*, *J. Am. Chem. Soc.*, **132**, 3248-3249 (2010)
38) S. Pal *et al.*, *Angew. Chem. Int. Edit.*, **49**, 2700-2704 (2010)
39) J. D. Le *et al.*, *Nano Lett.*, **4**, 2343-2347 (2004)
40) J. Sharma *et al.*, *Angew. Chem. Int. Edit.*, **45**, 730-735 (2006)
41) H. Yan *et al.*, *Science*, **301**, 1882-1884 (2003)
42) A. Kuzyk *et al.*, *Nanotechnology*, **20**, 235305 (2009)
43) R. A. McMillan *et al.*, *Nat. Mater.*, **1**, 247-252 (2002)
44) R. A. McMillan *et al.*, *J. Am. Chem. Soc.*, **127**, 2800-2801 (2005)
45) A. S. Blum *et al.*, *Nano Lett.*, **4**, 867-870 (2004)
46) S. W. Lee *et al.*, *Science*, **296**, 892-895 (2002)
47) S. Dieluweit *et al.*, *Supramol. Sci.*, **5**, 15-19 (1998)
48) R. Wahl *et al.*, *Adv. Mater.*, **13**, 736-740 (2001)
49) M. Bergkvist *et al.*, *J. Phys. Chem. B*, **108**, 8241-8248 (2004)

第13章
細胞の硬さを測る細胞触診技術

杉浦忠男　(Tadao Sugiura)
奈良先端科学技術大学院大学　情報科学研究科　准教授

13.1　はじめに

　顕微鏡を通して細胞を観察するとさまざまな形態を持つ細胞を見ることができる．細胞の一つ一つは内部に骨格構造を持って形態を維持しているが，形態がさまざまであるということは，硬さや軟らかさといった力学的な性質もさまざまなものがあると考えられる．また血流からのせん断力が絶えず加わる血管内皮細胞ではストレスファイバーを強固に形成して圧に耐える[1,2]ことなどから，細胞は加えられる外力に応じて内部構造を変化[3]させて力学的性質を調整しており，その調整メカニズムについても興味が持たれる．さらに，癌細胞などでは細胞が移動するのに必要な駆動力（牽引力）を発生させて能動的に移動しており，その力の発生機構や制御メカニズムが癌悪性度とどの様に関係するのかにも興味が引かれる．

　以上のように細胞の硬さ軟らかさといった力学的性質を定量的に計測して評価できれば，これまでと違った角度から細胞の活動を評価でき，内部の分子メカニズムについてより詳細に知ることができるとともに，疾病における機序や薬剤の作用機構などを知る手掛かりになることが期待される．そこで本稿では，細胞の硬さを計測する技術について詳説する．

13.2　細胞の力学的構造

　細胞内には，細胞を力学的に支える幾つかの構造が存在する[4]．これらは細胞骨格として知られており，代表的なものとして，アクチンフィラメント（直径8 nm），中間径フィラメント（直径8～10 nm），微小管（直径25 nm）がある．これらは繊維状の構造物を作り，互いに接合することで3次元的な形状を形成している．アクチンフィラメントは，細胞膜の直下に骨組み構造作って細胞皮質（cell cortex）を形成し，またミオシンファイバーと束状の構造を

作ってストレスファイバーを形成して，細胞の各所を適度に引っ張ることで外からの圧力やせん断力に抗して固着状態を維持する働きをする．微小管は名の通り中空の構造を持つ管状の構造物で軸方向の圧縮力に耐える特徴があり，細胞内に骨格構造を形成する．そして微小管とアクチンフィラメントで構造を作り，アクチンで発生した張力を微小管で支えることで細胞全体の3次元形状を作り上げるといったテンスグリティーモデル[5]が提唱されている．中間径フィラメントは多細胞生物の細胞中にあり，細胞種や組織ごとに異なるタンパク質で形成され，主に組織の形態を維持する働きをしている．

多細胞生物では，細胞のほとんどは周囲の細胞と互いに結合したり，細胞外基質に結合したりすることで安定に成長することができる．また培養細胞の場合では底面のガラスに接着して成長するものが多い．細胞が接着する際には接着複合体を形成して力学的な接着構造を作るとともに，情報をやり取りするための構造を形成する．繊維芽細胞の場合では細胞外基質にインテグリンと呼ばれる膜タンパク質で結合し，細胞膜直下にタリンやビンキュリンといったタンパク質で構成される接着複合体を介してアクチンフィラメントに結合している．

さらに，これらの接着構造は外力の検出装置にもなっていて，細胞に対して何らかの力学的な刺激が与えられると，それに反応してアクチンストレスファイバーをはじめとする細胞骨格が再組織され，強化される現象が見られる[3]．また，細胞が移動する際には，自ら力を発生させて細胞自身を引っ張っており[6]，移動の際にも何らかの力学的性質の変化があると考えられる．

13.3 光ピンセットを用いた細胞触診法

細胞の力学的性質を調べるには，外から何らかの力を加えてその際の応答（変形，反力など）を見るのがよい．細胞に力を加える方法として，光ピンセットを用いた手法は簡便で細胞へのダメージが少なく利点が多い[7]．光ピンセットで力を印加して細胞の硬さを評価する細胞触診法について見ていく．

13.3.1 光ピンセットの原理

光ピンセットは光の放射圧を微小な物体に働かせて，その物体を捕まえて操作する技術のことである[8]．光の放射圧は，光が持つ運動量に起因する力で，微小物体によって光が散乱される際の運動量変化によって引き起こされる．照射するレーザー光が集光されていると放射圧による力が対象物をスポット内に引き込むように働き，この力で対象物をレーザー光のスポット中に閉じ込めて捕まえ，自由に操作することができるようになる（図13.1）．操作可能な粒子は，ポリスチレン樹脂など高分子やガラスなど誘電体の粒子が一般的で，周りの媒質よりも屈折率が高ければ容易に捕まえて操作することができ，細胞の操作も行われている[9]．

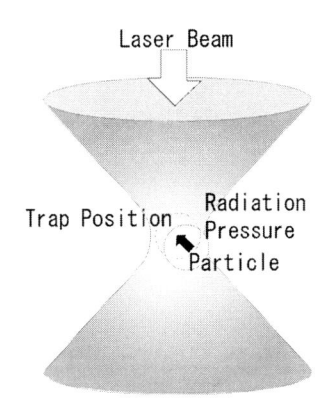

図 13.1 光ピンセットによる粒子捕捉の模式図.

13.3.2 光ピンセットによる力印加と力計測方法

　光ピンセットで捕まえた粒子を細胞上に固定して粒子に対して力を加えると細胞に力を印加できる．光ピンセットで発生する力はフックの法則 $F = -k\Delta r$ に従っており，光ピンセット中の安定位置からの変位 Δr に比例した力 F が印加できる．ここで k は光ピンセットのばね定数である．この特性を利用してこれまでにも生体分子で発生する力や分子間に働く力の計測に光ピンセットが用いられてきた[10,11]．細胞触診時には，粒子位置を画像計測して安定位置からの変位を求め，印加力と細胞の変形を計測して細胞硬さを求めることができる．

　細胞上に固定した粒子に対して光ピンセットのビームを正弦波状に移動させて力を加えた際の粒子の運動を見てみる（図 13.2）[12]．粒子は細胞上に接する一点で固定されているとすると，粒子は固定点を支点にして回転し，細胞膜を巻き上げるような運動をする．この際の運動方程式は，

$$k\{a\sin(\omega t) - x\} = m\frac{d^2x}{dt^2} + 6\pi\eta_{med}r\frac{dx}{dt} + r\eta_{cell}\frac{dx}{dt} + \frac{1}{2r^2}Y(x+X_0)^3 \tag{1}$$

とあらわされる．ここで，a と ω はそれぞれ光ピンセットビームの往復運動の振幅と角速度，

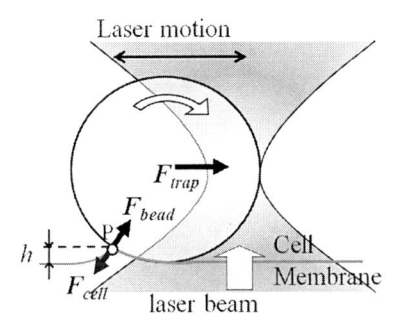

図 13.2 細胞上の粒子の回転による力計測の原理図.

t [s] は時間，k [N/m] は光ピンセットバネ定数である．細胞のもつ力学特性は Y [N/m] で表され，引き上げ変形時における弾性係数（$\Delta F/\Delta h$）を意味する．h は細胞膜の巻き上げ距離である．また粒子接着点における細胞の粘性係数を η_{cell} [Pa·s]，粒子周囲環境（培養倍地）の粘性係数を η_{med} [Pa·s] で表す．細胞触診では，光ピンセットのレーザースポット位置を正弦波状か矩形波状に変化させて粒子を移動させ，各時刻での粒子位置を計測して運動方程式中のパラメーターを決定すれば，細胞の弾性係数と粘性係数が求められる．

13.3.3 細胞触診装置

図 13.3 に細胞触診装置の構成図を示す[12]．光ピンセットを行うレーザー光源には Nd：YVO$_4$ レーザー（波長 1064 nm，出力最大 2 W）を用い，ビームエキスパンダーBE で広げたあとガルバノミラーGM で反射させて顕微鏡光学系に入射し，対物レンズで集光して試料に照射する．ビームで粒子を捕捉し，その粒子を細胞上の計測したい位置に運んで付着させて 30 分程度経過したのちに粒子を移動させて計測を行う．粒子の移動は，コンピューター制御でガルバノミラーの角度を変えて行い，粒子の様子は顕微鏡光学系を通して拡大して CCD カメラを通して観察する．この画像はコンピューターに取り込んで画像処理を加え，二値化処理後に重心位置を計算して粒子位置を求める（図 13.4）．粒子位置の測定結果を用いて運動方程式

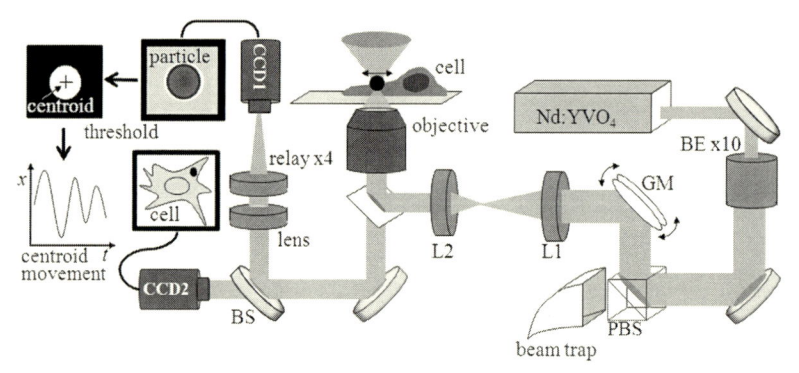

図 13.3　細胞触診装置の構成．

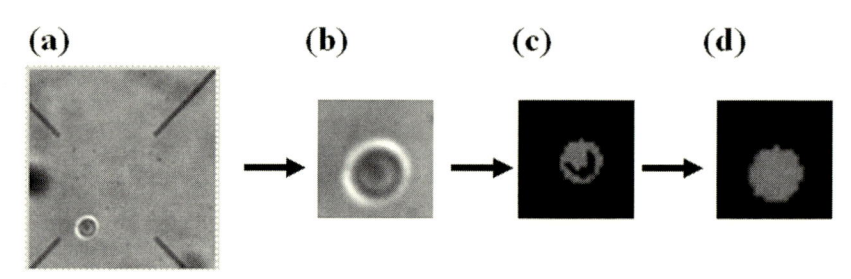

図 13.4　粒子画像の画像処理による位置検出．(a) 元画像，(b) 粒子位置の切り出し，(c) 画像二値化，(d) 内部塗りつぶし．

(1) に基づいた解析を行い，細胞の弾性係数と粘性係数を求める．

13.3.4 測定結果の一例

測定結果の一例を図13.5に示す．細胞（マウス繊維芽細胞 Balb 3T3）に対して，コラーゲンコートした粒子を接着して，正弦波状に粒子を移動させた際の測定結果を示している．コラーゲンは細胞外基質の主成分で，細胞膜上のインテグリンが結合することが知られている．形成した結合によって粒子は細胞骨格にアンカーリングされた状態になる．その状態では結合点の横方向の移動は制限されており，粒子を光ピンセットビームで移動させると粒子による巻き上げ運動が起こり，細胞膜の引上げ変形が生じる．図13.5 (a) は粒子が細胞上で固定されていない場合の測定結果で，(b) は細胞上に固定された場合の結果である．

図13.5に示す結果では4周期分のみ示してあるが，継続して振動させていくと徐々に振幅が減衰していく．これは，粒子上のコラーゲンがインテグリンに結合して接着状態になると徐々に接着複合体が形成され接着斑へと成熟していくためと，粒子の回転によって新たな面上のコラーゲンが別のインテグリンに結合して結合箇所が増えていくことで結合力が強くなるためである．

13.4 細胞触診による細胞の評価

マウス繊維芽細胞を用いて細胞触診実験を行った．触診に使った粒子は直径2 μm のポリスチレン粒子で表面にコラーゲンをコーティングしてある．細胞上の様々な場所に付着させて細胞の弾性係数を計測した．その様子を図13.6に示す．(a) では，粒子は細胞中のある程度の厚みがある箇所で，細胞膜下にアクチンの骨格があるが，直接ストレスファイバーが接続していないような部分に付着させて測定している．ここでは細胞皮質の性質が測定され，弾性係数は 780 N/m であった．(b) では，粒子は細胞から出た突起（フィロポディア）上に付着さ

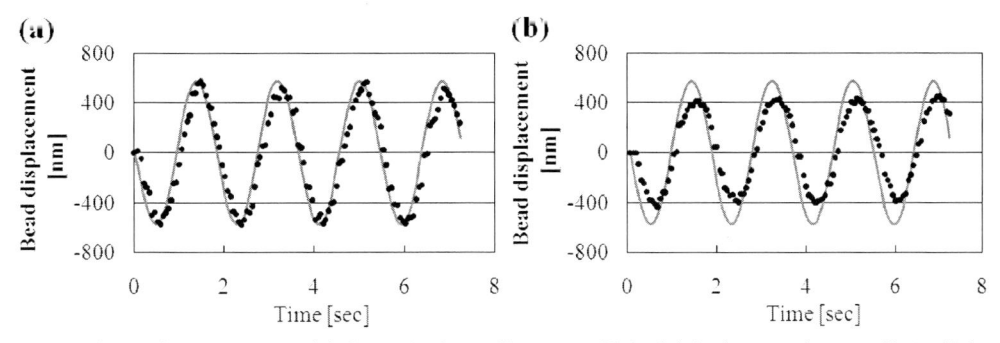

図 13.5 粒子を加振した結果．(a) 粒子が細胞から離れている場合，(b) 細胞上に固定された粒子の場合．

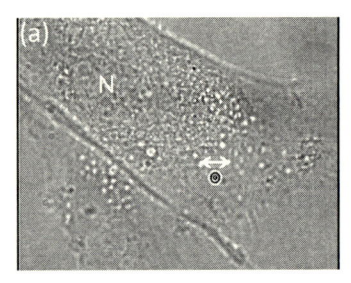

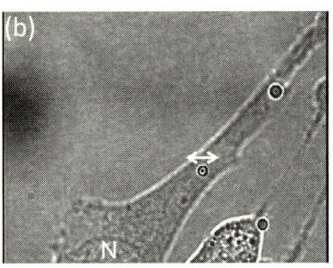

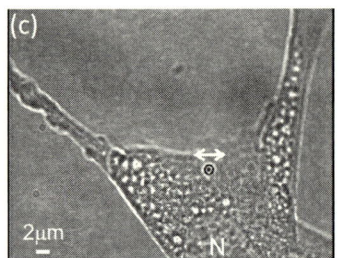

第13章 細胞の硬さを測る細胞触診技術

図 13.6 細胞上の粒子の様子. (a) 細胞皮質上の粒子, (b) 細胞突起上の粒子, (c) 葉状仮足上の粒子.

せて測定している．アクチンファイバーが突起の軸方向に走行していると考えられ，そこから 45°方向に振動させた状態になっており，弾性係数の測定結果は 860 N/m であった．(c) では，粒子は細胞の周辺部の葉状仮足（ラメルポディア）上にあり，内部にアクチンメッシュ構造がある位置である．アクチンメッシュ構造の影響で弾性係数の値は大きくなり，2500 N/m であった．

以上のように細胞触診では細胞中の内部構造を反映した測定結果が得られることがわかる．測定の目的が一つの細胞個体の弾性係数を求めるということであれば，測定位置によって測定値が異なることに考慮が必要である．そのような目的の場合，細胞触診時には細胞のどのような性質を測定するかによって計測位置を適切に選ぶことが重要である．細胞膜の変化を計測したい場合には，細胞内部の骨格構造とは独立に細胞皮質の性質を計測できるのが望ましいと考えられるので，核から数 μm 離れていて，かつ細胞周辺部の葉状仮足の領域よりも核寄りの位置で計測するのが適切である．以降の実験ではそのような条件で計測を行っている．

次に接着複合体形成過程の計測について示す．接着複合体は，細胞が他の細胞や細胞外基質と結合する際に形成される構造である．ここでは，粒子にコラーゲンコートしたものを用いて細胞に接着させ，接着複合体が形成されていく過程を細胞触診法によって測定・評価した．測定では，まずコラーゲンコート粒子（ポリスチレン，直径 2 μm）を光ピンセットでトラップして細胞上の狙った箇所に接触させた．その状態で所定の時間留置し，細胞触診法による計測を行った．接触直後（0 min）から 5, 10, 20, 30, 60, 90 min に測定し，その測定結果をまとめたものが図 13.7 である．測定値には，粒子の最大変位時に掛かる力を用いてあり，各測定点に対して 20 個の粒子で測定した結果について，平均値をプロットして，標準偏差をエラーバーで示している．細胞接着複合体が接触直後から 30 分までの間に形成され，その後安定していく様子が分かる．この測定結果は分子生物学的に調べられた結果と一致する[13]．

13.5 おわりに

本稿では，光ピンセットを用いて細胞の力学的特性を評価する細胞触診法について見てき

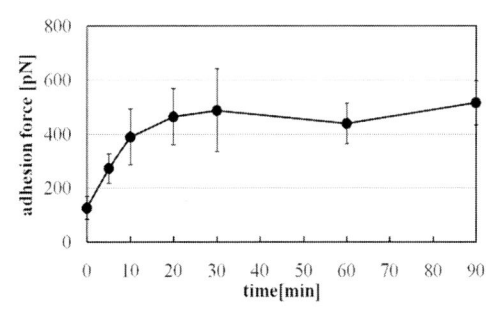

図 13.7　細胞接着複合体形成過程の計測結果.

　た．光ピンセットで粒子を自由に操作して，望みの場所に粒子を接着させ，その箇所の力学的特性を計測できることが本手法のメリットである．

　細胞硬さと疾病との関係はこれまであまり知られて来なかった．細胞ごとに硬さが違うことからも病態に関して何らかの指標を与えるものとして使えることを期待する．特に癌化においては，細胞周辺部に特定の分子の集積が起きたりと，細胞硬さへの影響があると考えられるので，今後詳細に調べられるものと思う．また，正常な細胞であっても細胞メカニズムを調べる上で細胞の一つの特性としてメカニカルな性質を計測する手法は必要になると考えられる．細胞の硬さによる診断というのは現時点では確立されていないが，今後の発展を期待する．

〈参考文献〉

1) 三俣昌子, *The Journal of Japanese College of Angiology*, **43**(11), 733-743 (2003)
2) K. Naruse, *Am. J. Physiol. Heart. Circ. Physiol.*, **274**, 1532 (1998)
3) G. Giannone et al., *Cell*, **128**, 561 (2007)
4) B. Alberts et al., "Molecular Biology of the Cell", Garland Publishing Inc. (2007)
5) D. E. Ingber, *J. Cell Sci.*, **116**, 1157 (2003)
6) Y. Iwadate et al., *J. Cell Sci.*, **121**, 1314 (2008)
7) V. Vogel et al., *Mol. Cell Biol.*, **7**, 265 (2006)
8) A. Ashkin, *Opt. Lett.*, **11**, 288 (1986)
9) A. Ashkin et al., *Nature*, **330**, 769 (1987)
10) J. T. Finer et al., *Nature*, **368**, 113 (1994)
11) T. Ota et al., *Appl. Phys. Lett.*, **87**, 043901 (2005)
12) H. Miyoshi et al., *Jap. J. of Appl. Phys.*, **48**, 120223 (2009)
13) E. Zamir et al., *Nat. Cell Biol.*, **2**, 191 (2000)

第14章
光ピンセットによる遺伝子及び細胞の非修飾直接操作

久保康児　(Koji Kubo)
名古屋大学　情報文化学部　情報科学研究科　技術補佐員

14.1　はじめに

　これまでの生物学の発展によって，様々な生命現象の謎が明らかとなりつつある．その成果の多くは，複数の細胞や分子を観察・測定した平均的な振る舞いを捉えた結果を基に，理解を深める研究手法に負うところが大きい．しかし近年，細胞やゲノムなどを対象とした微小なスケールでの研究において，1つの細胞や分子を注視する研究も同時に進展しており，そこから導かれる結果は，これまでに積み重ねた知見とは異なる結果が得られる事も少なくない．大きな母集団を取り扱う手法と個を注視する手法には，それぞれの視点の相違からくる特色があるため，必ずしもどちらかの結果のみが正しい物ではなく，双方の視点からさらに理解を深める必要がある事は，この場で言うまでもない．

　1分子を取り扱う微小なスケールでの実験手法には，様々なツールの発達が不可欠であり，中でも取りわけ，観察するための可視化（バイオイメージング）と操作（マイクロマニピュレーション）が基盤技術となる．まさに，近年これらの技術が飛躍的な進歩を遂げ，従来では困難であった実験を実行するにあたって，大きな力となっている．すでに複数の章で最新技術の紹介や応用例が示されているが，本章においては，光による微細な操作手法とその応用例を紹介する．

14.2　光ピンセット

　細胞やDNAをはじめとする生体分子を取り扱うほとんどの場合，溶液によって適切な環境を作りその中で操作する．現行の手法としては，ガラスキャピラリーを操る手法が広く普及しており，信頼度も高い．しかし一方で，熟練した操作技術が要求される事や対象物に対する

第14章　光ピンセットによる遺伝子及び細胞の非修飾直接操作

ダメージが大きいなど，改善が望まれる点も挙げられている．その他にも，原子間力顕微鏡（AFM）の探針や，磁気を利用したマニピュレーションなど複数の提案がなされているが，それぞれに特色は示されているものの弱点もある．そこで，他の手法と異なる特性を持つマニピュレーションとして，レーザー光を利用した光ピンセットの活用を検討した．レーザー光は，微細加工等に代表される材料工学の場面で幅広く活用されているが，生体分子や細胞操作等への活用例は，未だ多くは無い．

光ピンセットは，対象とする微小粒子に集光したレーザー光を照射し，そこに生じた光の屈折によって生み出される運動量変化の反作用を利用して，微小粒子を捕捉する方法である．レーザー光がどのように微小粒子を捉えるか，大まかなイメージは図14.1に示す．今回使用したレーザー光は，Nd：YAG（neodymium-doped yttrium aluminum garnet）であり，その波長は1064 nmである．この種のレーザー光については，生体分子の操作時に生じる熱量が軽微である事が既に知られており，細胞操作等に最も適している種類であると言える[1-3]．

このような条件のレーザー光を既存の顕微鏡に組み込むことにより，観察と操作を並行して行える光ピンセットシステムが構築できる（図14.2）．レーザー装置から射出されるレーザー光を顕微鏡光路内に取り込ませ，最終的に対物レンズによって収束させることにより，通常の観察面のほぼ中央に粒子を捕捉する場を作り出す．捕捉した粒子を移動させる方法は，顕微鏡のXY可動ステージによるサンプルの移動や対物レンズの上下動で容易に行う事ができる．観察上は1点に捕捉されている状態であるが，周囲が移動する事によって相対的に平面上の移動や垂直方向への移動がなされた事になる．このように，光ピンセットは通常の顕微鏡操作と同様の手順で操作が可能であるため，特別な技術の習得を必要としない．そして，光学顕微鏡で

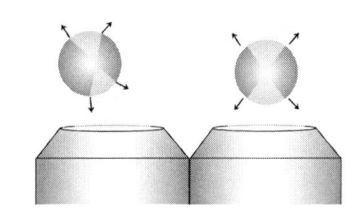

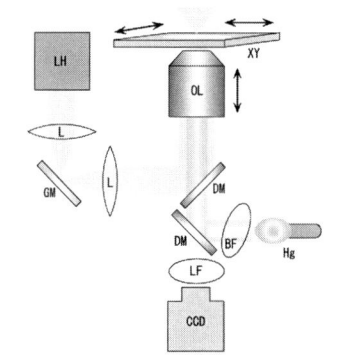

図14.1　レーザー光による球体粒子の捕捉イメージ．粒子へ照射されたレーザー光は屈折し，運動量変化をもたらす．その際，矢印のような反作用が生じ，粒子が捕捉される．左図：粒子に照射した場合，レーザー光は屈折し矢印の方向への反発力が生じ，それらの力の総和として右上方向へと向かって物質が移動する．左図：粒子がレーザー光の中心点で捕捉された状態．

LH：レーザーヘッド
L：レンズ
GM：角度可変ミラー
DM：反射ミラー
OL：対物レンズ
Hg：水銀ランプ
BF：バンドパスフィルター
LF：ロングパスフィルター
XY：XY可動ステージ
CCD：高感度CCDカメラ

図14.2　光ピンセットシステムの概略．

の観察と操作が同時に進められるため，可視化が可能な物体であれば，識別できる任意の微小粒子を高い選択性の元に操作できる特徴を持っている．また，微小粒子に対して摘む・刺すなどの物理的な接触が無い非接触操作であるため，与えるダメージは既存の操作と比較して極めて軽微である．これらの特徴を踏まえた上で，以下に挙げる1分子を対象とした非接触な直接操作を試みた．

14.3 ゲノム DNA の非修飾直接操作

ゲノム DNA は概ね Mbp を超える長さを持っている．一方，既存のツールを用いた DNA 操作では，剪断無しに直接操作ができる DNA の長さは，数十 kbp 程度である．そのため，多くの異なる DNA 断片から得られる情報を統合することで，全体像を構築する手法を取らざるを得ない．そこで光ピンセットシステムを用いて，ほぼ完全長に近いゲノム DNA そのものを対象とした，直接操作を試みた．

生物材料は，*Thermococcus kodakaraensis* KOD1 株（京都大学 大学院工学研究科 分譲）を用いた．KOD1 株は深海に生息する超好熱始原菌として，塩基性タンパク質によってパッキングされた約 2 Mbp のゲノム DNA を 1 本持っていることが，事前の分析結果で明らかとなっている[4]．2 種の大きさのスライドグラスで簡易的なチャンバーを作製し，内部を菌液，純水，高塩濃度溶液（0.5 M NaCl）で満たした後，チャンバーを密封して溶液の対流を防ぎ，菌液中の任意の細胞を光ピンセットで捕捉して（レーザー出力 1 W），順次，純水領域から高塩濃度領域へと輸送した（図 14.3）．なお，直接蛍光観察のために，0.5 μM DAPI（4',6-diamidino-2-phenylindole）と，退色防止のための還元剤として 4%（V/V）2-ME（2-mercaptoethanol）を各溶液中に添加している．

非常に単純なこの操作法により，細胞からのゲノム DNA の取り出しから解きほぐしにいたる一連の操作に成功した[5]．まず，菌液から純水域への菌体の輸送で浸透圧による菌体のバーストを促し，ゲノム DNA を露出させた．さらに，純水域から高塩濃度域への輸送で塩基性のタンパク質の解離を促し，高次構造をとる塊のゲノム DNA が，移動させる際の溶液の抵抗によって解きほぐされたものと考えられる．この結果，これまで不可能であった Mbp に及ぶ長大なゲノム DNA の非修飾操作が可能であることを示した．さらに，ゲノム DNA の単純な輸送に留まらず，その高次構造を変化させて解きほぐすことにも成功した（図 14.4）．異なる複数の仕事を一連の平易な操作で成功させた事は，"その場"における操作・解析の新たな手法を提示できたものと考える．操作手法が簡素であるがゆえ，細胞種や溶液環境に応じて若干の改変を加えるだけで，多くのゲノム DNA に対応できる可能性も大きいと容易に推察される．

本手法を活用した継続的な研究として，KOD1 よりも大きなゲノム DNA を持つ大腸菌（約 4 Mbp）を対象としてゲノム DNA を解きほぐす実験を進めたところ，細胞の生育段階に応じ

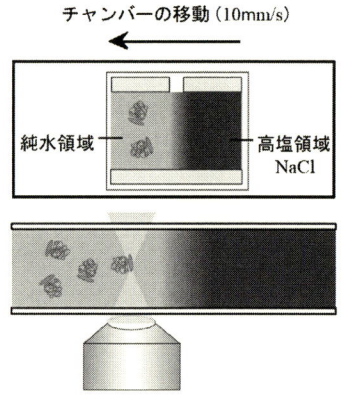

図 14.3 光ピンセット操作のイメージ．顕微鏡ステージ上に固定したチャンバーを移動させることによって，ゲノム DNA を純水領域から高塩領域へと輸送する．

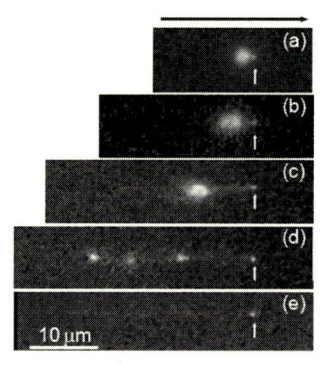

図 14.4 KOD1 ゲノム DNA の解きほぐし．純水領域（a）から高塩濃度領域（e）への搬送（黒矢印方向）によって，段階的にゲノム DNA が解きほぐれていく様子が分かる．

て解きほぐれる過程や形状に明確な違いがある事が明らかとなった[6]．大腸菌は多くのヌクレオイドプロテインや mRNA が，高次構造をとる上で大きな役割を果たしている事が知られている[7]．単純な解きほぐしの実験ではあるが，ゲノムの高次構造に関与する構成要素の違いや結合様式の違いが，細胞の状態で大きく変化している事をつぶさに現すものであり，生物学的にも興味深い結果であると考える．

14.4 遺伝子導入操作

今日まで様々な手法で，動植物細胞への遺伝子導入が試みられている．近年では，ウイルスやバクテリアの感染力を利用する方法から，これらを用いない，より安全かつ安定した手法へと変遷している．特に，遺伝子治療の分野では人工的なキャリアーを用いることが多い[8]．これらキャリアーと遺伝子の複合体は，エンドサイトーシスまたは，膜透過性ペプチドなどによって細胞内へ取り込まれる．そのため，個々の細胞に対して遺伝子導入のタイミングや量をコントロールするのは極めて困難である．そこで，これらとは異なった，光ピンセットによる遺伝子導入を試みた．

細胞は，エンドサイトーシス（細胞の食作用）を示さない植物細胞（キャベツ）を用いた．組織を細断したあと，酵素カクテル（15 g/l セルラーゼオノズカ（ヤクルト社製），2 g/l ペクトリアーゼ Y-23（キッコーマン社製），3 mM MES（2-N-Morpholino ethanesulfonic acid），10 mM $CaCl_2$，0.5 M sorbitol）に浸し，インキュベート（30℃，2 hr，30 rpm）した．次に，50 μm メッシュのナイロンフィルターで濾過したのちに 0.5 M sorbitol 溶液で数回洗浄し，プロトプラストを単離した[8]．一方，導入する DNA は T4 ファージ DNA を用いた．T4 ファー

ジDNAは全長166 kbpの直鎖状であり，遺伝子導入に良く用いられるプラスミドDNAと比較して格段に大きい．そこで，0.6 μM（塩基対濃度）T4ファージDNAに対して6 μM PEG-A[11]を添加することで，単分子凝縮を促した．持続長を大きく超えるDNAは，溶液環境に応じて単分子凝縮状態をとることが既に明らかとなっており[9]，単分子凝縮したDNAはリラックスしたコイル状態と比較して著しい高い密度変化によって，光ピンセットでの捕捉が容易になる[10]．

細胞密度を10^5個/mlに調整し6 μM PEG-Aを添加したプロトプラスト溶液と，単分子凝縮したDNA溶液を10：1で混合し，蛍光顕微鏡による可視化のために0.5 μM DAPI添加したのち，前出の簡易チャンバー内に満たし，レーザー出力を約500 mWに設定した光ピンセットで導入操作を行った．単分子凝縮したT4ファージDNAを光ピンセットで捕捉し，XYステージの操作で細胞を寄せていきながら細胞膜へ接触させ，さらに細胞を寄せて細胞内へ押し込むように導入した．同様に細胞壁を有する細胞についても導入に成功した（図14.5）．また，Y型ゼオライト（$Na_{56}(Al_{56}Si_{36}O_{384})\cdot 250H_2O$，東洋ソーダ社製）をキャリアーとして，PEG-A存在下においてfura-2（Molecular Probes社製）との複合体を作製し，単分子凝縮したDNAと同様の操作で植物細胞へ導入したところ，導入直後から細胞内カルシウムイオンとの結合によるfura-2の蛍光が見られた．この結果から，細胞壁の有無に関わらず細胞内へ無修飾のDNAが輸送可能であることが示された．また，蛍光色素であるfura-2が光ピンセットによる操作ののちにも，活性が失われることはなかった[12]．簡便かつ平易な操作によって，単分子のDNAを細胞内へ導入できることはもとより，光ピンセットが捕捉対象物へ与えるダメージが少ないことが推察された．

既存の遺伝子導入法では，導入時のDNA数の制御がほぼ不可能であるため，導入後の細胞の評価は，マーカー遺伝子の活性測定などによる事が多いが，遺伝子が導入される過程を把握する事は困難である．遺伝子導入の安定性や安全性をより高めるためには，未だ不透明であ

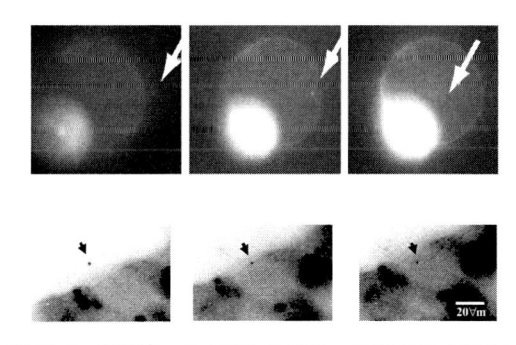

図14.5 細胞内へのDNAの搬送．矢印で示す単分子凝縮したT4ファージDNAが，細胞内部へ搬送される様子が分かる．上図：キャベツプロトプラスト，下図（白黒反転）：イチョウ表皮細胞．

る細胞内での外来遺伝子の動態を追うことが不可欠である．現行法においては，細胞の状態やDNAの導入数などの条件が異なるデータを積み重ねても，極めて解析が難しいため，細胞へ単分子のDNAを導入できる本手法は，細胞内で何が起こっているのかを解き明かす新たな手法として，大きく貢献できるものであると期待される．

14.5 細胞の立体操作

1細胞を微細操作することは，"その場"生物学においては最も基礎となる技術であろう．これまでの細胞操作ツール，例えばガラスキャピラリーでは，捕捉や平面移動は比較的簡単に行えるが，上下動には極めて狭い制約がかかる．また，レーザー光であっても，通常の顕微鏡操作で簡便に操作できるが，向きを変えるなどの回転操作は困難であった．そのため現在では，細胞などに接着性があり捕捉力も強いポリスチレンビーズを混在させて，意図する部分にポリスチレンビーズが接着している細胞を対象とした操作が提案された[13]．さらに，レーザー光の光路を3本確保して，各々のXYZ軸の制御による立体的な操作にも成功するに至っている[14]．しかし，ポリスチレンビーズが接着する部位を制御することは現状では困難であるため，操作できる細胞の個体は限定される．また，レーザーを複数本使用することは，システムの複雑さを加速させるものであり，技術的かつ経済的に負担がかかる．そこで，よりシンプルなシステムの構築を目指し，無修飾の細胞を1本のレーザー光で立体的に操作することを試みた．

操作の対象として，球状の浮遊系動物細胞（YAC-1：京都府立医科大学 大学院医学研究科 微生物学研究室 分譲）と，淡水性の植物プランクトンであるハネケイソウを用いた．光ピンセットは，1本のレーザー光の光路に制御可能な角度可変ミラーを2枚組み込み，1枚でXY平面上での焦点移動，もう1枚にZ軸に対する光軸の角度制御の役割を持たせた（図14.6）．

YAC-1を光ピンセットで捕捉したのち，XY平面上で円を描くようにレーザー光の光路を連続的に移動させた．この際，レーザー光の向きを常に円の中心へ向かってZ軸に対し僅かな傾斜角度を保たせた．その結果，中心点から見ると1周の公転中に1回の自転をさせることに成功した（図14.7）．一方，ハネケイソウを捕捉すると，形が棒状であるためレーザーの進行方向に向けて立ち上がるように捕捉された．次にZ軸に対しレーザー光を傾けると，角度に応じて全方位に倒れ込み側面の観察が可能であった．さらに，固定した平面上の点で，任意の方向とその逆方向へレーザー光を傾けるようにスキャンを繰り返すと，スキャン面に沿った回転運動が確認された[15]．

YAC-1は球状であるが，細胞の内部構造が非対称であるため屈折率が不均一である．これは，YAC-1に限った事ではなく，むしろ，細胞内の屈折率が均質である細胞が存在する事の方が希有であろう．そのため，光ピンセットで捕捉した場合，最も強く捕捉されるポイントは

14.5 細胞の立体操作

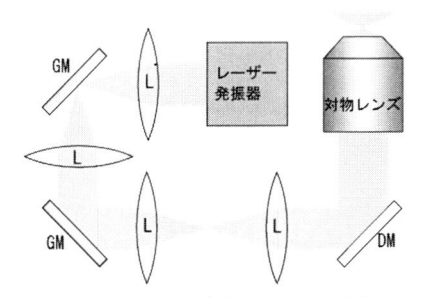

図 14.6 レーザー光路のイメージ図．レンズ（L）で収束させて光をミラー（GM）で角度の変化をつける事で操作面状の焦点深度を変え，平行光を反射するミラーで平面上の焦点位置を変える．

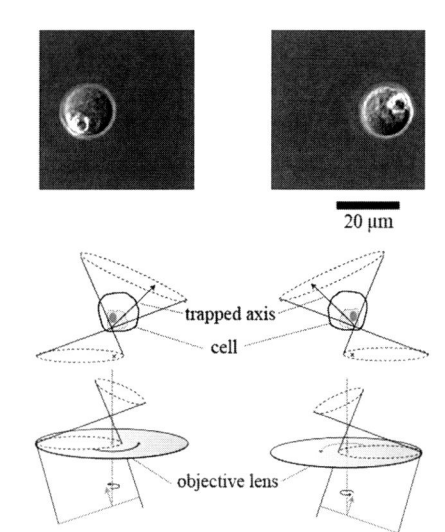

図 14.7 細胞の回転操作．YAC-1 細胞の回転図（上図）と，回転させる際の捕捉イメージ（下図）．

中心点をずれる場合がほとんどである．また，光ピンセットが捕捉するポイントは，レーザー光の進行方向へ向かって若干長円であることが知られている．そのため，中心点からずれたまま傾けると，レーザー光が球体を串刺しにした状態になる．レーザー光を中心に向けて傾けながら円周上を移動させると，自ずと月のような回転運動をすることになる．これによって，無修飾の細胞の向きが制御された．一方，ハネケイソウは棒状の形状である．これを光ピンセットで捕捉するとレーザー光の進行方向，すなわちほぼ垂直の方向へ立ち上がる．この状態で，レーザー光の角度を連続的に変化させると，倒れていく過程で捕捉力が弱まり，一旦光ピンセットで捕捉されていない状態にもどる．しかし，周期的かつ連続的な角度スキャンであるため，再度捕捉されて立ち上がった状態へもどり，スキャン面上での回転運動が起こったものと推察される．

　これら一連の微小スケールにおける細胞の立体操作は，均質では無い細胞の特性を利用したものであり，あえて細胞を修飾する必要がない．まさに，細胞の"その場"操作を実現したものである．ありのままの任意の細胞を選択的に操作できることに加え，これまで不可欠と思われていた複数本のレーザー光を1本に簡素化する，もしくは，手を余らせることに繋がるものであり，1本のレーザー光での操作性が向上することによって，同時に微小スケールでの操作の自由度が飛躍的に上がるものと期待される．

第14章　光ピンセットによる遺伝子及び細胞の非修飾直接操作

14.6　まとめ

　必要条件を整えると，DNAから細胞へ至る幅広いスケールにおいて，光ピンセットによる選択的かつ自由度が高い操作が可能であることを，これまでに挙げた研究結果を基に実証してきた．また，光ピンセットに利用されるレーザー光が，少なくとも操作をする数分から数時間程度であれば，生体高分子に与えるダメージが少ないことも容易に推察された．これらのことから，光ピンセットを用いたマイクロマニピュレーションは，生物試料を対象としても十分に使用可能であり，既存のツールでは不可能であった操作のみならず，非修飾かつ選択的な操作を実現した事は，対象となる試料を可能な限りあるがままに操作できる事を示すものであり，極めて意義深い．このツールによって様々な自然科学の研究分野における，新たな実験系が創造できることが期待される．

　言うまでもなく，ガラスキャピラリー・原子間力顕微鏡（AFM）の探針・磁気トラップ・光ピンセットなど，それぞれが他の手法に無い特徴を持ち合わせているため，必ずしも光ピンセットが他のツールと比較して優位性が高いとばかりは言えないであろう．しかし，信頼度が高い結果を得るためには，その状況に最も適したツールを活用する必要がある．このような側面から見ても，ツールの選択肢が増えたことは，"その場"生物学の今後の進展を加速させるものであると確信している．

〈参考文献〉
1)　A. Ashkin *et al.*, *Opt. Lett.*, **11**, 288-290（1986）
2)　S. Chu, *Science*, **253**, 861-866（1991）
3)　K. Svoboda *et al.*, *Annu. Rev. Biophys. Biomol. Struct.*, **23**, 247-285（1994）
4)　H. Higashibata, *et al.*, *FEMS Microbiol Lett.* **15**, 17-22（2003）
5)　Oana *et al.*, *Appl. Phys. Lett.*, **85**, 5090-5092（2004）
6)　E. Shindo *et al.*, *J. Bio. Tehc.*, in press
7)　R. L. Ohniwa *et al.*, *EMBO J.*, **25**, 5591-5602（2006）
8)　T. Niidome *et al.*, *GENE THRAPY*, **9**, 1647-1652（2002）
9)　恵美宣彦，吉川研一監修，"DNAの折り畳み"，アイピーシー（2003）
10)　Y. Matsuzawa *et al.*, *J. Am. Chem. Soc.*, **122**, 2200-2205（2000）
11)　K. Yoshikawa *et al.*, *J. Am. Chem. Soc.*, **28**, 6473-6477（1997）
12)　K. Kubo *et al.*, *Appl. Phys. Lett.*, **83**, 2468-2470（2003）
13)　T. Harada *et al.*, *Appl. Phys. Lett.*, **81**, 4850-4852（2002）
14)　Y. Yanaka *et al.*, *Elec. Lett.*, **43**（2007）
15)　M. Ichikawa *et al.*, Proc. Micro-Nano Mech. Human Sci.（2007）

索　引

【英数】

1分子 …………………………………… 143
1分子観察 ……………………………… 5, 94
30nm ファイバー ……………………… 100
AFM …………………………………… 33, 101
ATR ……………………………………… 62
ATR プリズム …………………………… 64
Attenuated Total Reflection spectroscopy
 ………………………………………… 62
crowding ………………………………… 96
DNA …………………………………… 99, 128
DNA 折り紙 …………………………… 128
DNA 凝縮 ……………………… 81, 82, 96
Ebp1 …………………………………… 121
electroformation ……………………… 109
GPCR …………………………………… 112
GUV …………………………………… 108
G タンパク質共役型受容体 ………… 112
HA ……………………………………… 119
Hagen-Poiseuille ……………………… 50
LUV …………………………………… 108
MLV …………………………………… 108
On/Off スイッチ ……………………… 89
RNP …………………………………… 121
SUV …………………………………… 108
THz-TDS ……………………………… 60
time-domain spectroscopy …………… 60

【ア】

アクチンフィラメント ………………… 135

アドレナリン β2受容体 ……………… 113
アミノ酸 ………………………………… 60
アルギニン ……………………………… 64
鋳型 …………………………………… 127
遺伝子導入 …………………………… 89, 146
インテグリン ………………………… 139
インピーダンス特性 …………………… 7
インフルエンザウイルス …………… 119
ウイルス ………………………………… 28
ウイルスの感染増殖機構 ……………… 5
液滴移動法 ……………………………… 76
エバネッセント光 ……………………… 62
塩基性ポリペプチド …………………… 89
エンドソーム ………………………… 121
応力波 …………………………………… 33
折り畳み転移 …………………………… 81
オンチップロボティクス ……………… 20

【カ】

外来遺伝子 …………………………… 148
下限臨界溶液温度 ……………………… 24
過渡減衰振動 …………………………… 36
感温性高分子ゲル ……………………… 23
環境制御型電子顕微鏡 ………………… 7
機能性ゲル ……………………………… 27
巨大リポソーム ……………………… 107
グロビュール …………………………… 83
クロマチン …………………………… 99, 101
蛍光顕微鏡 …………… 81, 82, 85, 86, 94, 96
蛍光標識法 ……………………………… 77

形態制御技術 …………………………71
ゲノム ………………… 99, 100, 143
原子間力顕微鏡 ……………… 33, 101
コイル …………………………………83
甲状腺刺激ホルモン受容体 ………… 112
合成ペプチド/DNA複合体……………5
酵母菌 …………………………………12
コネキシン ………………………… 112
コラーゲン ………………………… 139

【サ】

再生増幅器付きチタンサファイアレーザー …………………………………34
細胞 ………………………………… 143
細胞外基質 ………………………… 136
細胞解析技術 …………………………7
細胞骨格 …………………………… 135
細胞操作 ………………………………33
細胞内環境因子 ………………………81
細胞皮質 …………………………… 135
磁気駆動マイクロツール ……………20
自己組織化 ………………………… 127
脂質 ………………………………… 128
システム細胞工学 ……………………17
持続長 …………………………………82
自由エネルギー …………………… 104
衝撃力 …………………………………33
触覚フィードバック …………………44
伸張操作 ………………………………73
水和現象 ………………………………66
スクロース水溶液 ……………………66
生体分子 …………………………… 143
静置水和法 ………………………… 109
接着斑 ……………………………… 139

接着複合体 ………………………… 136
線虫 ……………………………………12
全反射分光法 …………………………60
相互作用ポテンシャル …………… 103
相分離 ……………………………… 104
その場生物学 ………………… 4, 148
"その場"操作 ……………………… 149
ゾルゲル相転移 ………………………24

【タ】

多光子吸収 ……………………………33
単一細胞解析 …………………………7
弾性係数 …………………………… 138
タンパク質 ………………………… 128
単離 ……………………………………49
中間径フィラメント ……………… 135
超高圧電子顕微鏡 ……………………1
長軸長 …………………………………82
直接観察 ………………………………71
テラヘルツ ……………………………59
テラヘルツ時間領域分光法 …………60
テラヘルツ分光 ………………………5
テンスグリティーモデル ………… 136
透明性 …………………………………44
透明電極 ………………………………25
糖類 ……………………………………60

【ナ】

ナノ構造 …………………………… 127
ナノ構造体制御手法 …………………5
ナノサージェリシステム ……………14
ナノツール ……………………………12
ナノマニピュレーション ……………7
ナノ粒子 …………………………… 128

ナノ粒子アレイ …………………… 128
ナノワイヤー ……………………… 128
ヌクレオソーム ……………………・99
熱揺らぎ …………………………… 103
粘性係数 …………………………… 138

【ハ】
バイオテンプレート ……………… 127
バイラテラル ………………………・44
バキュロウイルス ………………… 112
発現誘導 …………………………… 123
光硬化性樹脂 ………………………・26
光の放射圧 ………………………… 136
光ピンセット ………… 21，74，136，144
非修飾操作 ………………………… 145
微小管 ……………………………… 135
微小粒子 …………………………… 145
ヒストン ………………………99，100
非線形科学 …………………………・・3
フィロポディア …………………… 139
フェムト秒レーザー ……………5，33
フォトクロミック材料 ……………・27
フック ……………………………… 137
フルクトース ………………………・69
プロテオリポソーム ……………… 109
分子内一次相転移 …………………・81

分子内相分離 ………………………・86
併進エントロピー …………………・87
放射圧 ……………………………… 136

【マ】
マイクロマニピュレーション‥9，43，143
マイクロマニピュレータ ……………45
マイクロ流体チップ ………………・22
膜タンパク質 ……………………… 107
マスタ・スレーブ …………………・43
水 ……………………………………・66

【ヤ】
融合タンパク質 ……………………・77
誘電泳動（法）………………… 19，73
誘電応答 ……………………………・69
葉状仮足 …………………………… 140

【ラ】
ラメルポディア …………………… 140
リアルタイム計測 ……………………5
リアルタイムの操作 …………………4
リポソーム ………………………… 107
レーザー光 ………………………… 143
ロボティックストロー ……………・48

リアルタイム計測による生命現象の解析

2011年3月1日　第1刷発行

監　修	村田静昭	（R0502）
発行者	辻　賢司	
発行所	株式会社シーエムシー出版	
	東京都千代田区内神田1-13-1	
	電話 03（3293）2061	
	大阪市中央区南新町1-2-4	
	電話 06（4794）8234	
	http://www.cmcbooks.co.jp/	
編集担当	仲田祐子／渡辺和也	

〔印刷　日本ハイコム㈱〕　　　　　　　　　　　© S. Murata, 2011

定価はカバーに表示してあります。
落丁・乱丁本はお取替えいたします。

本書の内容の一部あるいは全部を無断で複写（コピー）することは，法律で認められた場合を除き，著作者および出版社の権利の侵害になります。

ISBN978-4-7813-0319-2　C3045　¥30000E